EINSTEIN SERIES
volume 5

宇宙の灯台
パルサー

柴田 晋平 著

恒星社厚生閣

はじめに

　宇宙を見て，感じて，楽しもう．私の頭はいつもこの言葉で満たされています．研究するときの気持ちもこれですし，研究者でないお友だちと話をするときもこの気持ちで宇宙について語ります．この本も，「宇宙の灯台」と呼ばれる不思議な星について，その面白さを，見て，感じて，楽しんでいただきたい一心で書きました．

　宇宙が魅力的なのはなぜでしょう．そこには驚きがあるからでしょう．例えば，理論の産物のように思われていたブラックホールが，実際に宇宙にはたくさん見つかっています．地上の実験では決して調べることができない世界が宇宙にはあります．だから，自然科学という観点からの宇宙の魅力は最高です．また，景色の美しさも宇宙の魅力です．美しい星空は感動を与え，人の心を解き放ってくれます．私は，晴れた夜には星空を楽しむ星空ファンでもあります．

　「宇宙の灯台」というニックネームをもつ不思議な星は天文学者の間ではパルサーと呼ばれています．現在では「回転駆動型パルサー」と分類されるこの星は，灯台の光の点滅のように電波を周期的に発する星として発見されました．とても面白い星なのですが，このパルサーについてまとまった書籍はこれまで発行されたことがなかったと思います．大学生や大学院生になってパルサーについて研究がしたいと思っても教科書がありません．理由は簡単で，パルサーについてわかっていることが少なすぎるからです．かなり根本的なことが不明なのです．しかし，最新の成果を踏まえ，思い切った議論を加えて，パルサーとはこんな星だよというものをこの本では描き出してみました．これも思い切った試みではありますが，理科の知識があまりなくても読めるように，やさしく噛み砕いた説明をしました．理解の役に立つ簡単な実験も紹介しています．おそらく宇宙に興味のあるどなたでも楽しんでいただけると思います．

2006 年 3 月

柴田晋平

目　次

はじめに ……………………………………………………………………………… iii

CHAPTER1　宇宙の灯台 …………………………………………………… 1
1.1　宇宙の灯台 ……………………………………………………………… 1
1.2　パルサーの発見前夜 …………………………………………………… 2
1.3　シンチレーション ……………………………………………………… 5
1.4　パルサー発見！ ………………………………………………………… 6
1.5　パルサーの正体は？ …………………………………………………… 9

CHAPTER2　中性子星の夢 ………………………………………………… 11
2.1　理論的預言 ……………………………………………………………… 11
2.2　中性子星 ………………………………………………………………… 12
2.3　超新星爆発 ……………………………………………………………… 14
2.4　超新星残骸 ……………………………………………………………… 15
2.5　カニ星雲 ………………………………………………………………… 16
2.6　カニ星雲の中心天体 …………………………………………………… 17
2.7　パルサーは中性子星だ！ ……………………………………………… 19
2.8　まとめ …………………………………………………………………… 21

CHAPTER3　難攻不落の宇宙の灯台 ……………………………………… 23
3.1　回転する磁石─たったそれだけ─ …………………………………… 23
3.2　偶然の幸い ……………………………………………………………… 23
3.3　様々なパルス波形 ……………………………………………………… 24
3.4　パルサーの名前 ………………………………………………………… 27
3.5　「X線パルサー」の発見 ……………………………………………… 28
3.6　回転駆動型と降着駆動型 ……………………………………………… 30

目　次

CHAPTER4　灯台からの贈り物 ……………………………33
- 4.1　パルスの遅れ ……………………………33
- 4.2　星間空間の電子密度を知る ……………………………34
- 4.3　分散とより良い観測のための努力 ……………………………35
- 4.4　星座の中のパルサーの分布 ……………………………36
- 4.5　銀河の中のパルサーの分布 ……………………………39

CHAPTER5　電場と磁場の競演 ……………………………41
- 5.1　何もない空間に ……………………………41
- 5.2　マクスウェルの方程式 ……………………………45

CHAPTER6　パルスの精密観測 ……………………………47
- 6.1　パルス周期の測定 ……………………………47
- 6.2　パルスのくるタイミングからパルサーの位置を知る ……………………………48
- 6.3　パルスの到来時刻の精密測定 ……………………………50
- 6.4　パルス周期の遅れ ……………………………51

CHAPTER7　パルサーが放つエネルギー ……………………………53
- 7.1　磁気双極子放射 ……………………………53
- 7.2　パルサーの磁場の強さを推定する ……………………………55
- 7.3　パルサーの年齢の推定 ……………………………56
- 7.4　難問 ……………………………57

CHAPTER8　個性をもつパルサー ……………………………59
- 8.1　パルサー探し（続き） ……………………………59
- 8.2　周期の分布 ……………………………60
- 8.3　ミリ秒パルサー ……………………………61
- 8.4　普通のパルサーの一生 ……………………………62
- 8.5　死んだパルサー ……………………………63

目　次

 8.6　ミリ秒パルサーはどこからきた？ …………………………………64
 8.7　ミリ秒パルサーも立派な「宇宙の灯台」……………………………66

CHAPTER9　宇宙の巨大発電所（失敗）……………………………69
 9.1　ネオジム磁石 …………………………………………………………69
 9.2　単極誘導発電機 ………………………………………………………70
 9.3　豆電球を光らせるエネルギー ………………………………………73
 9.4　宇宙発電所実用化実験 ………………………………………………74
 9.5　宇宙発電所実験失敗 …………………………………………………75

CHAPTER10　宇宙の巨大発電所（成功）……………………………77
 10.1　放射の反作用 ………………………………………………………77
 10.2　宇宙発電所の巧妙さ ………………………………………………78

CHAPTER11　ガンマ線のパルス ………………………………………83
 11.1　暗黒の時代からの脱却 ……………………………………………83
 11.2　ガンマ線で見た空 …………………………………………………85
 11.3　UGO ― 未確認ガンマ線天体 ― ………………………………89
 11.4　ガンマ線パルサー …………………………………………………90

CHAPTER12　パルサーからのスペクトルと年収 …………………93
 12.1　世の中のお金はどのように分配されているか …………………93
 12.2　熱的分布と非熱的分布 ……………………………………………95
 12.3　熱的放射と非熱的放射 ……………………………………………96
 12.4　X線・ガンマ線の世界 ……………………………………………98

CHAPTER13　どうしてビームになるの？…………………………101
 13.1　どうしてビーム ……………………………………………………101

目　次

　　13.2　夢の放射光実験装置 ……………………………………………… 102
　　13.3　ビームを作る3つのポイント ……………………………………… 104
　　13.4　パルサーからのビーム放射の機構 ………………………………… 106

CHAPTER14　電場加速の仕組み …………………………………………109
　　14.1　難問 …………………………………………………………………… 109
　　14.2　分極する磁気圏 ……………………………………………………… 110
　　14.3　真空だったら ………………………………………………………… 112
　　14.4　真空ギャップ ………………………………………………………… 115
　　14.5　ちっちゃな磁気圏？ ………………………………………………… 117
　　14.6　極冠加速電場 ………………………………………………………… 120

CHAPTER15　電子陽電子対 ……………………………………………… 125
　　15.1　エネルギーは質量に等価 …………………………………………… 125
　　15.2　電子・陽電子対生成 ………………………………………………… 126
　　15.3　パルサー風からの示唆 ……………………………………………… 128
　　15.4　磁場に沿った電場加速 ……………………………………………… 128

CHAPTER16　パルサーから吹いてくる風 ……………………………… 131
　　16.1　宇宙電磁投石器 ……………………………………………………… 131
　　16.2　相対論的な遠心力風 ………………………………………………… 134
　　16.3　遠心力風のエネルギー ……………………………………………… 135
　　16.4　電磁投石器か？それとも電磁砲か？─パルサー風の謎─ ……… 137
　　16.5　まとめ：パルサー風 ………………………………………………… 138

CHAPTER17　パルサー磁気圏のモデル ………………………………… 141
　　17.1　何風で攻めますか？ ………………………………………………… 141
　　17.2　全体を見渡す ………………………………………………………… 143
　　17.3　パルサー風と電流系 ………………………………………………… 143

目　次

17.4　極冠と有効電圧 ……………………………………………………145
17.5　磁気圏のグローバルな構造 …………………………………………146
17.6　死線の説明 ……………………………………………………………148
17.7　ガンマ線パルスの明るさの説明 ……………………………………149
17.8　残された問題 …………………………………………………………150

CHAPTER18　パルサー星雲 ……………………………………………153

18.1　パルサー星雲 …………………………………………………………153
18.2　衝撃波 …………………………………………………………………153
18.3　パルサー星雲：だいたいの様子 ……………………………………158
18.4　カニ星雲のエネルギー収支 …………………………………………160
18.5　カニ星雲を観測装置とみなして利用する …………………………161
18.6　パルサー雲検出器の性能 ……………………………………………163
18.7　カニ星雲からのＸ線の形は点から始まった ………………………165
18.8　カニ星雲のＸ線で見たときの本当の形 ……………………………165
18.9　パルサー星雲はリングとジェット …………………………………168
18.10　解決を待つパルサー風とパルサー星雲の謎 ………………………170

CHAPTER 1

宇宙の灯台

1.1 宇宙の灯台

　暗闇の中で鮮やかな色で点滅を繰り返す灯台の光はなんともいえなくきれいです．夜の海岸に立ってそんな灯台の光を見ながら考えごとをした経験はありませんか？

　灯台は，サーチライトのように光のビームをくるくる回転させ，船や飛行機に位置を知らせます．灯台の光はついたり消えたりパルスして（脈を打って）見えますが，光が点滅しているわけでなく，細い光のビームが回転しているためそう見えるのでした．パルス（脈）の周期は正確にビームの回転周期です．

図1・1　灯台：回転する美しい光のビームを見ながら考えごとをしたことはありませんか．

灯台は航路の道標として使われています．それぞれが固有の周期や固有の光の色をもっていて，どの灯台を見ているのかすぐにわかるようになっているからです．

　地球から，あるいは，宇宙船の窓から宇宙を眺めたとき，漆黒の宇宙のあちこちに，光のビームを回転させて点滅を繰り返す「宇宙の灯台」があったらどんなにかきれいでしょう．規則正しくそれぞれの固有の周期で点滅を繰り返す宇宙の灯台が星空に点々とばらまかれているとしたら，それはきれいだし，宇宙飛行の道標として使えます．

　まさにここに描いたような「宇宙の灯台」と呼ばれる星が存在します．その星は光のビームを回転させ，私たちから見ると光が点滅を繰り返すのです．パルスする（脈打つ）星なので，パルスとスターを合成した名前「パルサー」（pulsar）と呼ばれる星々です．「宇宙の灯台」という愛称をもつパルサーとはどんな星なのでしょう？宇宙の離れ小島で光のビームを出す電力はどのようにしてまかなっているのでしょう？宇宙旅行するときに道標として使えるのでしょうか？さあ，パルサー探検の旅に出かけましょう！

1.2　パルサーの発見前夜

　光（可視光線）ではなく，電波で点滅を繰り返す星としてパルサーは発見されました．いまでは，パルサーは光（可視光線）でも点滅していることが知られていますが，発見は電波です．パルサーが発見されたときの受信電波の周波数は81.5 MHz（メガヘルツ）です．NHK FMは，私が住む山形では82.1 MHzで，この周波数とほとんど同じ周波数でパルサーが発見されたことになります．

　宇宙からの電波の受信といっても特別なことをするわけでなく，テレビやラジオと同じように受信機にアンテナをつないで行います．テレビやラジオの場合，アンテナの方向はあまり神経質にならなくてもおおよそ放送局の方向を向いていれば放送は十分受信できます．しかし，このようなアンテナでは宇宙からの電波を受信できても，その電波がどの方向からきているかはっきりしません．

　パルサーの発見に用いられたアンテナは東西方向には約1°の精度で発信源を突き止められるアンテナでした．南北方向には約6°の精度がありました．

1.2 パルサーの発見前夜

　アンテナが方向に敏感になるようにする方法はいくつかありますが，その1つにパラボラアンテナを用いる方法があります．衛星放送が一般化して衛星からの電波を受けるお皿の形をしたパラボラアンテナを日常的に目にするようになりました．衛星からきた電波をパラボラのお皿で反射して，集まった電波がケーブルを通って受信機に入って，それでテレビが見える仕組みになっています．光を凹面鏡で一点に集める反射式望遠鏡と同じ考え方です．衛星放送のアンテナは衛星の方向に正確に向ける必要があります．逆に言うと，そのアンテナの方向から（目には見えなくても）衛星の位置がわかります．

　宇宙からの電波は地表面に雨のように降り注いでいるのでパラボラアンテナのお皿の面積を大きくすればたくさんの電波を集めることができます．つまり，微弱な電波を受信するには大きなお皿を使う方が得です．大きなパラボラアンテナを用いることで電波のくる方向を正確に突き止め，しかも微弱な電波までとらえることができるようになります．天体望遠鏡の口径が大きいほど，細かいところまで見え，さらに，暗い天体まで見えるのと同じです．かくして，大きなパラボラアンテナに感度の良い受信機を取り付けた電波望遠鏡が建設されました．

図1・2　アレシボ（プエルトリコ）にある直径300 mの電波望遠鏡．

　宇宙からやってくる電波を電波望遠鏡で観測する「電波天文学」は第二次世界大戦後急速に発展しました．1960年代前半までに，現在でも活躍している大

型の電波望遠鏡のいくつかがすでに完成しています．例えば，イギリスでは1957年マンチェスター大学がジョドレルバンクに直径75 mの電波望遠鏡を作り，アメリカでは国立電波天文台がグリーンバンクに90 m望遠鏡を作りました．

ユーネル大学と国立天文電離層研究センターはアレシボに固定式ながら直径300 mの大球面鏡を1963年に建設しました．オーストラリアのパークスには直径64 mの電波望遠鏡が作られました（1961年）．電波のやってくる方向をより高い精度で測定するために「電波干渉計」という技術が開発されました．これは2台以上の電波望遠鏡の受信信号を合成し干渉させることで高い精度で電波の到来方向を決定するという技術です．例えば，ケンブリッジに1963年に作られた1マイル望遠鏡は，直径18 mの望遠鏡3台を1.6 kmの距離にわたって配置しています．アンテナの直径は18 mでも，直径1.6 kmのパラボラアンテナを用いたときと同等の精度で電波の到来方向が決定できます．

このような大きな電波望遠鏡による観測の結果，電波を発する天体がたくさん発見されました．電波干渉計を開発し，電波源の探査の先頭を走っていたイギリス，ケンブリッジのライル（Ryle, M.）の率いるグループは，電波源のカタログを作りました．最初のカタログである1Cカタログには50個の電波源が載せられています（Cはケンブリッジを意味します）．空をくまなく探す，掃天観測が行われ，その後のスタンダードとなる3CカタログやWカタログ，また，南半球から見える電波源のカタログMSHカタログが1961年までに発表されています．これから，この本の中でも3C58とか，MSH15-52とかの電波天体の名前が出てきますが，カタログの名称とカタログの中の番号を表しています．

「宇宙の灯台」パルサーからの電波ビームはたいへん強いので，これらの電波望遠鏡はパルサーからの電波を受信するのに十分の感度をもっていました．パルサーの発見より10年も前の古い電波望遠鏡ですらパルサーからの電波を受信する能力をもっていたといいます．

しかし，1967年までパルサーは人類に気づかれることがありませんでした．何百という「宇宙の灯台」が人に知られることなく天空で電波パルス発信し続けていました．

1.3 シンチレーション

　夜空の星々がチラチラとまたたくのはとてもきれいですね．夜空を楽しむにはあのチラチラがたまらなくよいという人もいるでしょう．しかし，望遠鏡で星を観測するという立場ではこのチラチラはとても迷惑です．望遠鏡を覗いたら，星が点でなくてフニャフニャ動いたり，明るく見えたり暗く見えたりしているのですから本当に迷惑です．

　プールの底に太陽の光が明暗の模様を作っているのを見たことがあるでしょう？水面が波打って，無数の凹レンズや凸レンズがばらまかれたようになっていて，その結果として，あの明暗の模様ができたのです．プールの底から太陽を見上げたなら，太陽は明るくなったり暗くなったり，丸い形が色々にひずんで見えることでしょう．地球の大気はこのプールの水のような働きをします．星から出た光は，最後に，地球の大気を通って私たちの目に届きます．地球大気は宇宙空間から見るととても薄っぺらですがとても密度が高いものです．地球大気は風が吹き，温度むらがあり，とても揺らいでいますから，大気の底から見た星の光はおおいに揺らぐことになります．プールの底から見るのと同じです．これが星のまたたきの原因です．この星の「またたき」を「シンチレーション」と呼んでいます．

　宇宙の電波源を観測するときにもシンチレーションが起こります．シンチレーションの原因は地球大気ではありません．地球のまわりには「太陽風」といって太陽から吹き出る秒速数百 km の流れがあります．この流れは電気を帯びた気体の流れで，この流れの中に揺らぎがあると電波を屈折させます．激しく揺らぎながら流れていく太陽風が電波のシンチレーションの原因です．

　ケンブリッジ大学のアントニー・ヒューイッシュは電波源のシンチレーションの研究に取り組んでいました．シンチレーションは天文学者にとって，甚だ迷惑だと先に書きましたから，シンチレーションの研究って何をするのだろうと思われるかもしれませんね．シンチレーションの起こり方で，実は，電波源の大きさを知ることができます．非常に遠くにあって点にしか見えない電波源はシンチレーションをよく起こしますが，広がっている電波源（電波の星雲のようなもの）はシンチレーションを示しません．例えば，クェーサーと呼ばれる電波源はシンチレーションを示しますが，電波銀河はシンチレーションを示

しません．こうして両者の区別がつくというわけです．

シンチレーションを利用すれば，大きな電波望遠鏡を建設するまでもなく，小さな安価な電波望遠鏡で電波源の診断ができそうだというわけです．

1.4 パルサー発見！

シンチレーションの研究のためにケンブリッジ大学のヒューイッシュのグループは2048本のダイポールアンテナを地上に並べた干渉型電波望遠鏡を作りました．ダイポールアンテナは単に受信電波の波長3 m 68 cmの導線です．これを2048本，平らな土地に整列させ設置します．固定式なので目的の天体を向くわけではありません．広がりは4万m^2（5000坪）弱です．

すべてのアンテナの信号を合成することで，東西方向には約1°の鋭い指向性が得られます．電波源は星と同じように東から西に動いていきます．地球の自転による日周運動です．ちょうどアンテナに感度のある方向に電波源がくると電波が受信されます．日周運動では4分間に約1°移動するので，約4分間電波が受信されると，やがて電波源はアンテナの感度のない方向に移動して信号はなくなります．継続して観測していると次々と電波源がアンテナの感度がある方向に入ってきて電波が受信でき，4分すると消えてしまいます．電波の強度はペンレコーダーによって記録されていきます．

電波望遠鏡を自作し，その望遠鏡を独り占めにして，継続的に電波源の強度を調べることは研究目的からすると当然のことです．しかし，最近私たちがしている観測と比べると，このことは必ずしも当然とはいえません．なぜなら，最近の観測装置は大きくて膨大な費用がかかるので，建設は共同です．利用も共同なので，観測は，あらかじめ目的を定めたうえで，与えられた数日間に実施するというのが普通です．ヒューイッシュたちはパルサー発見に遭遇するわけですが，「継続的に繰り返し空をくまなく見ていくこと」が発見につながる重要な要因でした．これは現代の観測者には夢のような環境です．

パルサー発見に導いた重要な条件のもう1つは時間変動を検出するための時間精度です．電波信号は，研究所内にある様々な電気的機械における放電や地上にある様々な人工的電波によって干渉を受けて揺らぎます．近くを通る車から出る電波すら悪さをします．電波天体の強度を測定するという目的ではこの

ような人工的瞬間的電波は邪魔と考えられましたから，5，6秒以下の短い信号は取り除いてしまう，というのが当時の普通のやりかたでした．パルサーからの電波信号は十分強いのですが，瞬間的パルスなので5，6秒の間で平均されてしまうと弱くなってしまい，気づくことはきわめて困難です．宇宙の電波源が1秒あるいはそれ以下の短時間に脈動することは当時としては誰も想像できなかったので，数秒以下の電波信号をカットしてしまうというやり方をしていたのは仕方ないことです．しかし，ヒューイッシュの電波望遠鏡はシンチレーションを調べる目的のために0.1秒程度の時間変動が記録される仕組みになっていました．

ヒューイッシュの指導を受けた大学院生のジョスリン・ベル（Bell, J.）（現在，ジョスリン・ベル‐バーネル［Bell-Burnell, B.］）が観測をスタートさせたのは1967年のことです．この電波望遠鏡が稼働を始めて2，3ヶ月のうちにベルは装置の癖や欠点がほとんどわかってしまい，何が本当の信号で何が雑音なのかを区別できるようになったといいます．定常観測に入って1ヶ月位した1967年の8月にベルは，激しい揺らぎを示す信号が何日かにわたって続くことに気がつきました（図1・3）．この激しく揺らぐ信号はシンチレーションによる揺らぎには見えませんでした．人工的な電波による雑音にむしろ似ていました．その後，数日間この現象は消えました．いまから考えるとこれは星間プラズマの揺らぎによるシンチレーションと考えられる現象です．星間プラズマによるシンチレーションは数日にわたるゆっくりした時間変動だからです．数日間消えた後，また同じ電波信号が現れました．起こる時刻が1日あたり4分ずつ遅れるので，これは恒星の動きと同じですから，宇宙の電波源である可能性がたいへん高いものでした．もしかしたら，新種の電波天体かもしれないので，装置の作る雑音でないかとか，人工的な外からの信号でないかなど入念慎重な調査が行われたことが想像されます．その結果，ヒューイッシュは10月にこれが新種の天体だと結論しました．そして，11月に受信機の時間精度を上げることで，電波が1.337秒周期で放射されていることを見つけます．図1・4では普通と逆でグラフが下向きに振れたとき電波が強くなっていることを意味します．約1.3秒おきに電波が強くなっているのが見えます．宇宙の電波灯台「パルサー」の発見です．

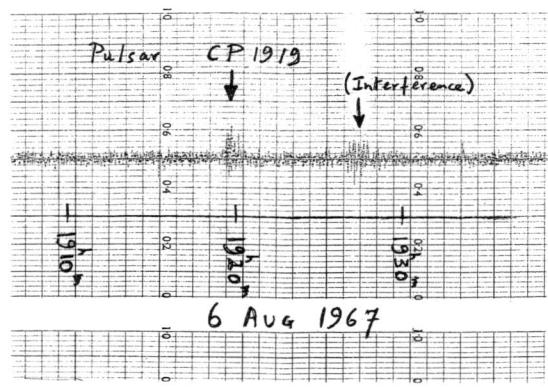

図1・3　パルサーの発見の最初の記録.
（Lyne, A.G., 1990 より）.

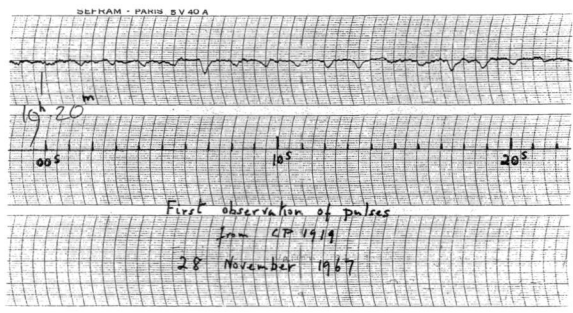

図1・4　パルサーの発見の記録．時間分解能を上げることによって，規則的な電波信号（パルス）が受信されていることがわかった．
（Lyne, A.G., 1990 より）.

　パルサーの存在がわかってしまえばそれに合わせた良い観測装置が作れますから，そのような装置による記録はもっとわかりやすいものです．現在私たちが見るパルサーからのシグナルは図1・5のようなものです．このグラフの横軸は時間で縦軸が電波の強度です．この図を見れば電波のパルスが「ピッ・ピッ・ピッ」とリズミカルにやってくる様子がよくわかるでしょう．

　その年（1967年）の12月末までに第2，第3，第4のパルサーをベルは発見し，1秒以下のとてつもなく短い周期で電波のパルスを出すというまったく新しい種類の天体を発見したことが確実になりました．

1.5 パルサーの正体は？

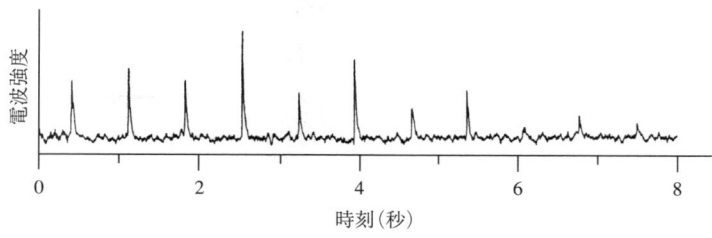

図1・5　パルサー PSR 0329＋54 からの電波パルス．
（Manchester, R.N., 1977 より）．

　この結果は，翌1968年2月24日号の科学雑誌ネイチャーに発表されました．

1.5　パルサーの正体は？

　宇宙からたいへん規則的な電波パルスが見つかったことは「センセーショナルに」私たちにも伝えられました．私はそのとき中学校の2年生でした．どんな解説がされたか覚えていませんが，「もしかしたら宇宙人からの電波かもしれない」と言ったテレビのニュースのアナウンサーの一言が私の記憶に残っています．しかし，「宇宙人かも」の一言は現実と違います．発表された時点で，電波は人工的でもないし宇宙人のものでもない，新しい種類の天体が発見されたのだと認識されていたはずです．天文学者の間では，その正体はおそらく，「白色矮星」か「中性子星」だろうということになっていました．パルサーの発見を伝えるヒューイッシュらの論文にもそう書いてあります．「宇宙人かも」は余分な一言です．

　今でもこのような余分な一言を含んだ発表がマスコミを通して行われることがあります．そんな余分な一言をいって人の気を引くような真似をしなくても，自然科学上の発見やその正体の解明の話は，生のままでとても刺激的でおもしろいものです．

　電波で規則的なパルスを出す天体の発見は天文学者にとってまったく意外でした．さて，その正体は何？

　ここで，パルサー発見の30年以上も前に理論物理学・理論天文学者が敷いた伏線が急浮上します．

中性子星の夢

2.1 理論的預言

 何か新しい現象が見つかるかもしれないと期待しながら，新式の望遠鏡を工夫してそれを宇宙に向ける，私はそんな実験が大好きです．一方で，ユニークなアイデアで新理論を作ってみる．そして，そこから導かれる新しい現象を予言したりする．こんな理論的研究も大好きです．

 チャドウィックが原子核の反応の中に「中性子」という新粒子を発見したのは 1932 年のことです．中性子は陽子とともに原子核を構成する粒子です（図 2・1）．中性子は陽子とほとんど同じ質量，大きさをもった粒子ですが，陽子が正の電気をもっているのに対し，中性子は電気的に中性です．そのため発見が遅れました．

 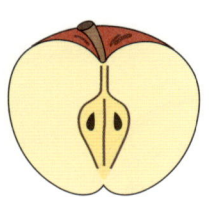

図 2・1　原子のモデル図．
原子核と呼ばれる小さな芯があって，そのまわりを電子雲がとりまいている．原子核は陽子と中性子から成り立っている．リンゴの芯が原子核なら，果肉の部分が電子雲になる．

中性子が発見されるとすぐ1934年にバーデとツビッキ（Baade, W. and Zwicky, F.）は論文を発表し，中性子ばかりでできた高密度の星「中性子星」の存在を予言しています．そして，中性子星は，星の一生の最後に起こすであろう超新星爆発の後にできるだろうと，述べています．パルサーが発見され，それが中性子星だとわかるのはこの34年後のこと（1968年）です．

1939年にはオッペンハイマーとヴォルコフ（Oppenheimer, J. and Volkoff, G. M.）は，中性子星があるとして，その質量や半径を計算しています．さらに，中性子星の磁場や自転速度を推定し，中性子星の出すエネルギーを計算するなど，パルサー発見の前夜まで，理論家はまだ見ぬ中性子星を頭に思い描いて研究を進めていました．

2.2 中性子星

ここで中性子星がどのようなものであるか述べておく必要があります．

太陽のような普通の星は熱い気体の球です．丸い風船を思い浮かべてください（図2・2）．風船の中の原子や分子は激しく動き回っています．熱運動と言います．この激しい運動が風船の中の気体の圧力を生み出します．ミクロに見ると原子や分子が風船の内壁に体当りして押しているのです．風船のゴム膜がなければ熱運動する原子や分子は雲消無散してしまいますが，ゴム膜が縮まろうとする力があるので，この収縮力と熱運動によって広がろうとする圧力が釣り合って球形を保っています．これは太陽のような星の状態と同じです．気体の圧力と縮まろうとする重力（万有引力）が釣り合ってあの太陽の形が保たれています．

太陽は光という形でエネルギーを放射していますから，太陽を構成する気体はどんどん冷えていくはずです．放射冷却です．冷えると熱運動が弱まり圧力が下がりますから，風船の理屈で，星は縮んでしまいます．しかし，太陽

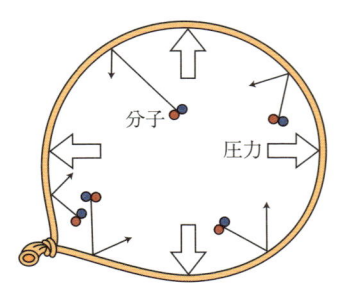

図2・2 星の風船モデル．
中にはいっている気体の圧力とゴム膜の収縮する力が釣り合って球形を保っている．

2.2 中性子星

のような星は核融合反応によって中心に熱源（エネルギー源）をもっていますから，放射冷却と発熱がちょうど釣り合って一定の状態が保たれ，熱源が続くかぎり，星が冷えて縮んでしまうことはありません．

　もし，星の中心の核燃料を使い果たしてしまったら，つまり，核融合で鉄まで元素合成されてしまったら，もはやエネルギー源はなくなり，今度こそ本当に星は縮んでしまいます．熱運動による圧力が期待できない低温状態でも，星が縮んで密度が高くなると，原子同士が直接触れ合うまでになって，新しい種類の圧力が現れます．

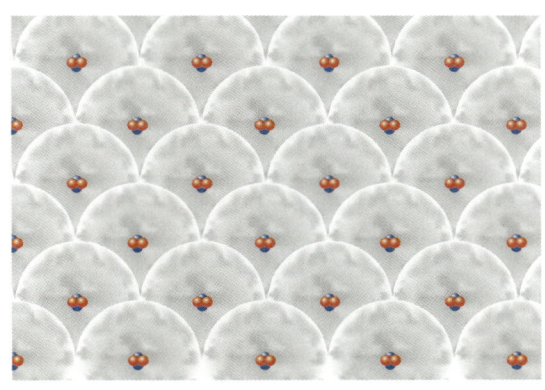

図 2・3　原子の密度が高い場合，電子雲が触れ合う．

　図 2・1 に示した原子のモデルでは，原子核のまわりを電子がくるくる回っているというイメージでなく，電子が広がりをもって原子全体を満たしています．これは電子雲とか物質波などと呼ばれることもあります．原子核は電子雲の中に埋め込まれた小さな芯です．リンゴでたとえると，果肉の部分が電子で，種の部分が原子核です．ここで，図 2・3 のように，たいへん密度の高い物質を考えてみます．電子雲が触れ合う状態ではもうこれ以上縮むのは難しくなると想像できますね．「果肉接触状態」です．この状況を正確に記述するには量子力学が必要ですが，量子力学を使わなくてもだいたいのイメージはつかめると思います．ある広がりをもった電子同士が，密度が高いために，互いに重なってしまう状態では圧力が発生します．これを「縮退圧」と呼んでいます．

中性子も同様に本来の広がりをもっていますが，その広がりは電子よりずっと小さいものです．これは，中性子の質量が大きいためだと，量子力学では説明されます．中性子も互いに触れ合うほど近づくと圧力を生じます．

太陽では原子間の距離はどれくらいでしょう．答えは約1オングストローム（10^{-10} m）です．1オングストロームは，水分子（H_2O）における水素原子（H）と酸素原子（O）の間の距離くらいです．このことは簡単に計算できるので頭の体操としてやってみてください．データは，太陽の質量と半径がそれぞれ約10^{30} kg，約70万 kmであること，および，水素原子の質量が約1.7×10^{-27} kgであることです．

さて，太陽くらいの質量の星が冷えて大きさが太陽の100分の1くらい，ちょうど地球くらいに縮まったとすると，電子が折り重なって縮退圧をもちます．これと重力の釣合で星を作ることができます．このような星を「白色矮星」と言います．このときの密度は1 cm³あたり数トンにも及びます．原子間の平均の距離も半径に比例して縮んでいるので1オングストロームの100分の1くらいになります．「白色矮星」よりもさらに1000分の1，半径が10 km位に縮まると，原子はむしろ原子核の重なりあったような状況になります．電子雲はどうなったかというと，互いに押し合いへし合いで窮屈な状態でいるよりも，陽子の中に押し込まれて中性子を作った方が楽になるので（この方がエネルギーが低いので）中性子を作るように反応を起こします．できた中性子は重なりあい，中性子の縮退圧で重力に釣り合った星ができます．これが「中性子星」です．原子間の距離は白色矮星のときの1000分の1で，中性子が充満した状態です．このときの密度は1 cm³あたり数億トンになっています．

2.3 超新星爆発

中性子からなる星，中性子星，が存在できそうなことがわかりましたが，これを提案したバーデとツビッキは同時にその形成過程を予測しました．

太陽の質量の約8倍以上の質量をもつ星では核融合反応は進んで鉄が作られますが，もはやこれ以上重い原子を作ってもエネルギーは発生しません．エネルギー源を失った中心部の鉄が重力収縮し中性子星に化ける，その反動で星の外層が吹き飛ばされる．それが超新星爆発だと彼らは考えます[1]．できる中性

子星の質量は，太陽の質量の約1/5以上，また，質量は大きすぎるとブラックホールになるので，太陽質量の約2倍よりは小さいと考えました．

このようにして，太陽くらいの質量で半径が10 kmくらいの中性子星が，超新星爆発の際にできる，という考えが提出されました．

2.4 超新星残骸

超新星爆発では星の外層が吹き飛び，宇宙空間に膨張する火の玉のようなものを作りますが，一方，中心は収縮し，中性子星になると考えられました．

私たち地球から観測する立場に立つと，この爆発は急激な増光をする星と見えます．爆発前の星は暗くて見えないのが普通なので，何もないところに急に星が輝きだした，つまり星が「できた」というふうに見えて，超新星という命名となります．急に明るくなった星はやがて暗くなっていきます．何年かを経ると，膨張をする火の玉はどんどん膨らんで光る星雲として観測されます．図2・4は「カニ星雲」と呼ばれる星雲で，超新星爆発によって吹き飛んだ星の

図2・4　1054年に起こった超新星の残骸：カニ星雲．

[1) 多くの観測事実からこの考えが正しいことは今でははっきりしています．しかし，中心部の収縮のあと，どのようなメカニズムで爆発が起きるのかはまだはっきりとしていません．

外層の破片が今も毎秒約 2000 km で運動しています．このような超新星の後にできる星雲を超新星残骸と呼んでいます．

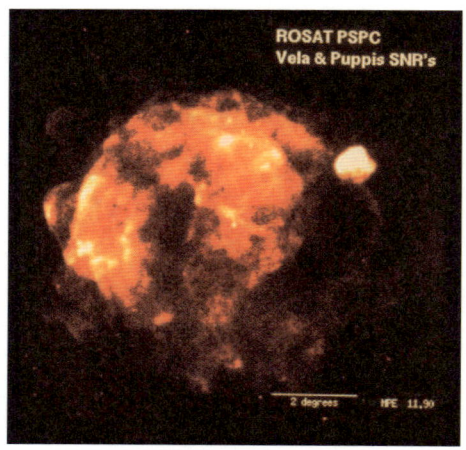

図2・5　Vela SNR X 線写真．
超新星爆発でできる宇宙に浮かぶ火の玉．大変高温なので光でなく X 線で輝いて見える．

　図2・5は「ほ座」にある超新星残骸で，爆発の後に膨張する熱い気体が球形の風船のようになって見えます．これらの超新星残骸の中心に中性子星が本当にあるのでしょうか？

2.5　カニ星雲

　話が前後しますが1930年ころから，カニ星雲は，その光のスペクトルが「ベキ型」という特別の形で普通の星雲と違っていることから，怪しげな天体として注目されます（ベキ型スペクトルについては第12章でおもしろい話をしながら説明します）．電波望遠鏡で見てもカニ星雲は輝いており，やはりスペクトルはベキ型でした．その後（1942年），中国や日本の記録に残されている1054年に牡牛座に現れた超新星がカニ星雲を作ったと考えられるようになります．カニ星雲のカニたる縁は，クニャクニャ曲がったたくさんのひも状のもの（図2・4）がカニに見えたからですが，このひも状のものはある点を中心に毎秒2000 km くらいで四方八方に広がっています．この運動を逆にたど

ってやると，一点に集まるのは1140±10年となって，だいたい1054年の爆発と一致します．

　カニ星雲の光のスペクトルがベキ型であると言いましたが，普通の星では見られないこのスペクトルは，磁気の中を高エネルギーの電子が運動するときに生じるシンクロトロンと呼ばれる放射ではないか？と1953年にシュクロフスキー（Shklovsky, I.S.）は考えました．もし，そうならその光は直線偏光しているだろうと予言しました．そしてすぐ，カニ星雲の光が彼の言うとおり直線偏光していることが確かめられました．こうしたことから，カニ星雲の中には1ミリガウス程度の磁気があって，その中に，約1兆電子ボルト[2]というとてつもなく高いエネルギーの電子が閉じこめてられているのだろうと考えられるようになりました．

　しかし，当時，この磁気の起源や電子のエネルギーの起源は，ミステリーのままでした．

2.6　カニ星雲の中心天体

　カニ星雲のシンクロトロン放射を維持するには何かしらのエネルギー源が必要ですが，そのエネルギー源はなぞでした．カニ星雲が超新星爆発の残骸で，その爆発のあとに中性子星が形成されるとすれば，中性子星がエネルギー源になるかもしれません．しかし，中性子星は原子核融合のエネルギーが取り出せなくなった，いわば死んだ星ですから，何がエネルギー源になるというのでしょう？

　ところで，星はみんな自転していますし，また，磁石になっています．地球も磁石になっていて，北極側にS極が南極側にN極があるので方位磁石のN極は北を指してくれるのでした．中性子星も自転し，磁石になっていることはまず間違いありません．さて，自転の周期はどれくらいで，磁気の強さはどれくらいと予測されるでしょう？

　磁束の保存と角運動量の保存という有用な考え方が物理学にはあります．見た目が変化しても，不変に保たれるものを見つけるのは物理学の常套手段です．

---

[2]　電子ボルトはエネルギーの単位で，eVと書く．1ボルトの電圧で電子を加速したときに電子が獲得する運動エネルギーに相当する．$1\,\text{eV} = 1.6 \times 10^{-12}$ エルグ（erg）$= 1.6 \times 10^{-19}$ ジュール（J）．

CHAPTER2 中性子星の夢

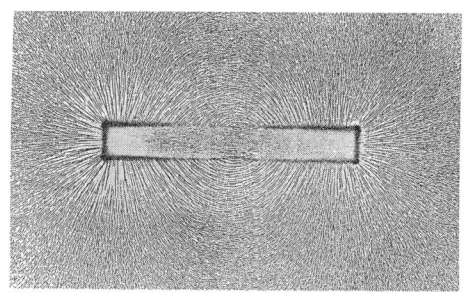

図2・6 磁石のまわりには磁場があると考えます．それは磁力線を描くことで表現できます．
(『高等学校物理II』啓林館より)．

　これまで磁気という言葉を使ってきましたが，物理学では磁場という用語を使います．

　磁石があるとそのまわりの空間には「磁場」があると考えます．磁場の強さや方向を表現するために磁力線というものを想像することができます（図2・6）．磁石のまわりに鉄粉をまいたときに現れる線が磁力線の様子をよく表現してくれます．星が縮んでも磁力線の本数は変わらないというのが磁束の保存です．図2・7を御覧ください．そこでは大きな星が磁束を保存したまま小さな星になっています．磁力線がまばらだということは磁場が弱いことを意味し，磁力線が込み合っていることは磁場が強いことを意味します．したがって，磁場の弱い星が磁束を保存したまま縮まると磁場の強い星ができあがります．中性子星の磁場はこの考えから，かなり強そうだと予想できます．

　地球表面の磁場は0.5ガウスくらいです．「体につけると健康によい」とか言って強力磁石が売られていますが，その強さは1000ガウスくらいのようです．太陽の平均的な磁場は10〜100ガウスくらいです．このような普通の天体にある磁場が，磁束を保存したまま，10 kmサイズに縮まるとどれくらいになるでしょうか？太陽が10 kmサイズに縮めば1兆ガウス，地球が10 kmサイズに縮めば20万ガウスという値が計算されます．

　自転の方も同様に考えましょう．磁力線の代わりに今度は渦糸というものを考えます．竜巻の渦のようなものです．渦糸が自転を表現していると考えます．渦糸の本数も保存します．これは，角運動量の保存と言ってもかまいません．

渦糸が密のとき高速自転をしていることを意味し，渦糸がまばらなとき，ゆっくりとした自転をしていることを意味します．渦糸の本数を保存して，収縮すると渦糸の密度が上がります．つまり，大きな星がゆっくり回っていたとして，それが縮むと自転は早くなります．以上のことから，中性子星は高速に自転していると予想されます．地球が 10 km サイズに縮まれば周期は 2 秒くらいになるはずです．

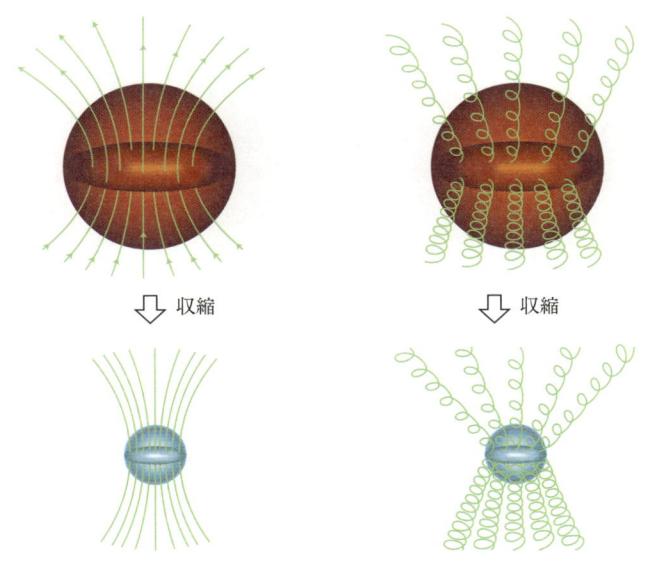

図 2・7　磁力線と渦糸の保存を考えると，縮んでできる中性子星は強い磁場をもち早い自転をしていることが予想される．

パッチーニ（Pacini, F.）は，高速に回転している強磁場をもった中性子星がその自転周期に等しい周波数の電磁波を出して，そのエネルギーによってカニ星雲が光っている，というアイデアを提出しました．パルサー発見の直前の 1967 年のことです．

2.7　パルサーは中性子星だ！

電波パルサーの発見が伝えられると，観測家も理論家もものすごい勢いでパ

ルサーの研究を始めました．ものすごい研究競争がはじまったのです．パルサーは，これまで「幻」だった中性子星らしいからです．

　発表から半年のうちに少なくとも8つの電波天文台でパルサーの存在が確認されました．

　パルサー発見の翌年，1968年に「ほ座」（英名：ベラ［Vela］）にある超新星残骸のほぼ中央に周期0.089秒というとても早いパルスを示すパルサーが発見されました．同じ年に，周期がなんと0.033秒というとてつもなく早いパルサーがカニ星雲の中心に発見されます．後に，「カニパルサー」と呼ばれるパルサーの発見です．

　パルサーの正体として当初考えられた白色矮星と中性子星のうち，白色矮星では，せいぜい早くて1/4秒のパルスは説明できても0.033秒のパルスは説明できません．高速に自転する強磁場をもった中性子星がカニ星雲の中心にあってカニ星雲のエネルギー源になっている，というパッチーニの考えは見事に的中しているようです．

　それでもなお天文学者の間ではパルサーの正体について混乱状態にありました（もう，正しい答えは提出されているのに！）．

　こんなに早いパルスを出せるのは中性子星の自転だけだろう，という説明で，あなたは納得しますか？それとも他の，未知の天体かもしれないと考えますか．

　当時この議論の中心にいたパッチーニに会う機会が先日あったので直接聞いてみました．

　電波パルサーの正体が中性子星であることに皆が納得したのはいつか？と．電波パルサーの正体が中性子星であることに皆が納得したのは，カニパルサーの周期がわずかながら徐々に長くなることが発見されたときでした．

　カニ星雲が光り続けるため必要なエネルギーは毎秒10^{31}ジュール，つまり，10^{31}ワットです．地球上の全人類が消費するエネルギーは年間10^{20}ジュールということですから，カニ星雲が1秒に出すエネルギーで人類は100億年暮らせます．このような計算に意味があるかどうかは疑問ですが，とにかくカニ星雲は大きなエネルギーを放出しています．このエネルギー源が不明だったわけです．

　カニパルサーの周期が徐々に長くなるということは，自転が遅くなっている

と解釈します（Gold, T.）．自転にブレーキがかかって，自転のエネルギーが徐々に減少していると思うわけです．減った分のエネルギーが電磁波になってカニ星雲に供給されているというのがパッチーニの考えです．中性子星の自転の早さ（角速度と呼ばれる量）と質量と半径から自転のエネルギーを計算できます．ちょっと我慢して計算式を見てください．

$$（自転エネルギー）= \frac{1}{2}（星の慣性モーメント）\times（自転角速度）^2 \quad (2.1)$$

この自転エネルギーを表す式の中に出てくる慣性モーメントというのは星の質量と半径で決まってしまう量です．例えば，一様な密度の球体であれば，

$$（慣性モーメント）= \frac{3}{5}（星の質量）\times（星の半径）^2 \quad (2.2)$$

で与えられます．中性子星の質量は太陽くらい，半径は10 kmくらいですから，慣性モーメントは10^{45}g cm^{2}くらいです．カニパルサーの周期の伸びは年間0.000013秒ずつであると測定されました．この測定されたということが重要です．このことから毎秒どれくらいの回転エネルギーがカニ星雲に供給されているかが計算できます．答えは，なんと，10^{31}ワット，つまり，カニ星雲に供給されているエネルギーと同じ数字です．

このようにして，具体的な数字として，太陽質量くらいで半径が10 kmくらいの天体，という答えが出るに至り，パルサーが中性子星であるという結論に皆が納得するようになりました．理論家の夢見た中性子星が現実の天体として現れたのです．しかも，電波のビームを回転させる「灯台」という予想もつかない現象を伴って現れたのです．

さらに，可視光線で見てもパルスしていること，X線で見てもパルスしていることが翌年1969年には確かめられました．X線に関しては，電波によるパルサー発見以前のデータからもパルスが見つかっています．これは，カニ星雲を観測すべく気球を用いて行われた1967年の観測データです．パルサーの発見に刺激された再解析で0.033秒のパルスが見つかりました．

2.8 まとめ

まとめましょう

CHAPTER2 中性子星の夢

1. 「宇宙の灯台」パルサーは星の自転によって電波ビームを回転させる天体として，1967年に発見されました．

2. パルサーの正体は中性子星です．中性子星は太陽くらいの質量をもち，半径10 kmくらいの大きさの星です．原子核が密集して中性子の塊になったような星で，中性子の縮退圧と重力が釣り合って星の形を保っています．

3. 星の中心部の核融合反応の最終段階，つまり，鉄が合成されたあと，鉄の中心核が重力で縮んだとき，超新星爆発が起き，その結果中性子星ができると考えられます．

4. 中性子星はできたとき，高速に自転し，強い磁場をもっていると考えられます．自転のエネルギーはなんらかの電磁気的な作用で放出され，その反作用として自転は遅くなります．放出された自転エネルギーによって，パルサーはまわりの星雲を光らせ，電波，可視光，X線などあらゆる種類の放射が出ると考えられます．

パルサーがどのような天体なのかがすっきりと見えてきました．パルサーが発見されてからほんの1年くらいのできごとです．

難攻不落の宇宙の灯台

3.1 回転する磁石—たったそれだけ—

「宇宙の灯台」パルサーの正体は磁場をもって回転する中性子星です。しかし、単に磁石が回転しただけで電波や可視光線・X線のビーム光が出るでしょうか？また、パルサーの電波の強さは強烈です。電波天文学では、電波の強さは温度に換算して表現することがありますが、その方法を適用すると、10^{31}度というとてつもなく高い温度が出てきます。これは電波強度がとても強いことを意味します。このことから、「宇宙の灯台」には特別な電波の増幅の働きがあることがわかります。カニ星雲の光を作っている1兆電子ボルトものエネルギーをもつ電子はどのようにして作られるのでしょう？

これからこの本の中で徐々に明らかになっていくことですが、パルサーの磁場の強度は10兆ガウスもあります。磁石が回転すると発電機になることはファラデーが発見したことですが、これによると10^{18}ボルトの電圧が中性子星に発生することがわかります。これらの磁場強度も電圧も地球上の実験では決して現れることのない巨大なものです。そしてそこで起こる現象は未知のものです。地球上では決して得られない極限状態が宇宙では普通に起こる。これが天文学・宇宙物理学のおもしろさです。そこはすばらしい天然の実験場なのです。

でもその分、わからないことだらけ。磁石が回転する、たったそれだけのことが引き起こす現象の理解に人類は悪戦苦闘することになります。

3.2 偶然の幸い

カニパルサーの自転が徐々に遅くなることは中性子星を結論づける重要な結果でした。しかし、この自転周期の変化の測定は実に難しいものでした。たまたま、カニパルサーにはジャイアントパルスといって、通常のパルスの10倍、

100倍もの強いパルスを時々だすという特性があります．現在では1000個以上のパルサーが知られていますが，この特性を示すパルサーはこれまでにカニパルサーを含めて4つか知られていません．とてもめずらしい現象なのです．このジャイアントパルスという現象のおかげで，フーリエ解析という技法を用いて，カニパルサーの0.033秒のパルスが見つかりました．カニパルサーは非常に特別なパルサーだったわけです．

　超新星爆発で中性子星ができて，それがパルサーである，というまとめをしました．カニパルサーやほ座のパルサーが超新星残骸の中心に見つかったからです．しかし，調べが進むと，この2例はむしろ例外で，電波パルサーのほとんどは超新星残骸と関係のない位置にいますし，一方，超新星残骸の中心を見ても電波パルサーがない例の方が多いのです．超新星残骸とパルサーの関係は今も大問題です．超新星爆発の後に残されるさらに新しい種類の天体の存在が明らかになりつつあります．

　このように，きれいなまとめは必ずしもしっかりしたものでなく，土台が揺らぐおそれを秘めたものです．きれいなまとめにほころびを見つけて新しい発見をしたり，まとめができないような混沌とした中からきれいなまとめを作ったり，どちらも研究のおもしろいところです．学校での勉強は，きれいですっきりとまとまったものを覚えるということになりがちです．まとめからはみ出てしまうような，まったく新しいものを考えたり，まとめにあるほころびを見つけたりする訓練をお忘れなく！

3.3　様々なパルス波形

　電波で観測されるパルスの波形は，ひとつひとつのパルスは弱いのではっきりしません．それで，たくさんのパルスを重ね合わせることによって波形を得るという方法をとります．そのようにして得られたパルス波形の色々を，図3・1に示します．実に色々なものがあります．1つ山，2つ山，3つ山……．同じパルサーでも，観測する電波の周波数によって山の数が変わることがあります．これらのバラエティは電波放射領域の複雑な構造を反映しているのでしょう．

　一周期の時間を360°とすると，メインのパルスから約180°離れた時刻にも

3.3 様々なパルス波形

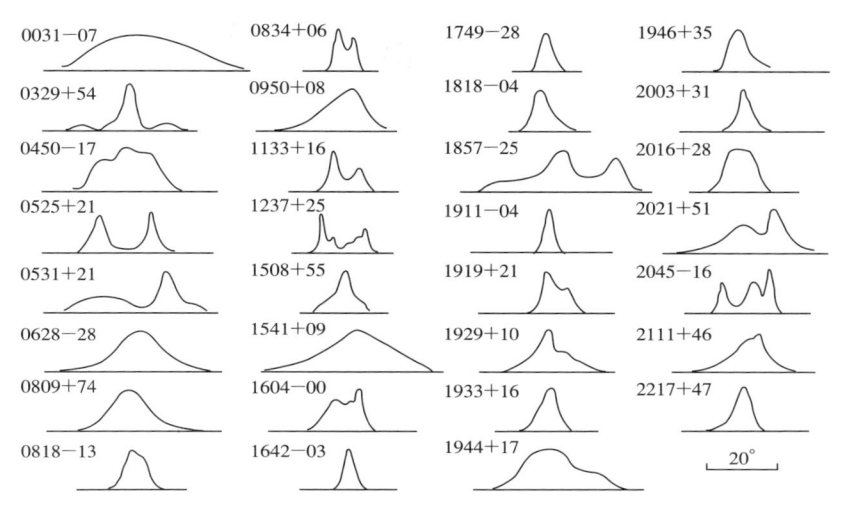

図3・1 たくさんのパルスを重ね合わすことによって得られる平均的なパルス波形．一周期を360°としたとき，パルスの幅は20°くらいが多い．図の右下に20°のスケールを書き込んだ．（Lyne, A.G., 1990 より）．

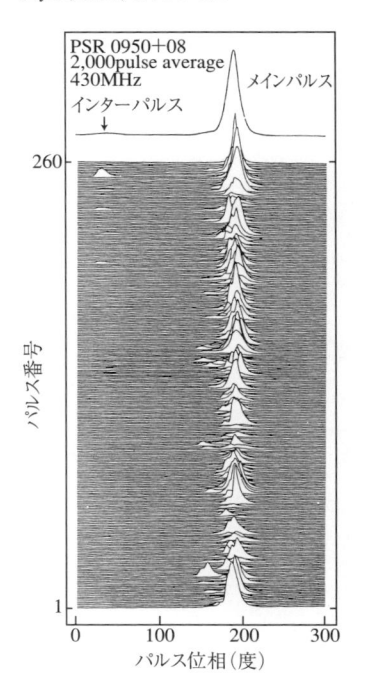

図3・2 インターパルスが見られる例．（Lyne, A.G., 1990 より）．

う1つの小さいパルスがある例も見られます（図3・2）．インターパルスなどと呼ばれます．一周期の中に2つのパルスがあるのですが，考えてみると灯台も2つのビームをもって回っているので，光源が一回まわる間に，2つのパルスが見えるのでした．磁石のN極とS極の両方から電波が出ていてその両方からのパルスを受信しているのかもしれません．実際には，インターパルスは180°の位置に出るとは必ずしも限らないので，話は単純ではありません．

最近は望遠鏡の感度が向上し，ひとつひとつのパルスの波形も得られるようになりました．図3・3にその例を示しています．すべてを重ね合わせたパルス波形よりも小さなパルスがふらふらと色々な位置に現れています．この小さなパルスをサブパルスと呼んでいます．中には，サブパルスが規則正しく流れるように移動している例もあります．このサブパルスの運動も電波放射領域の

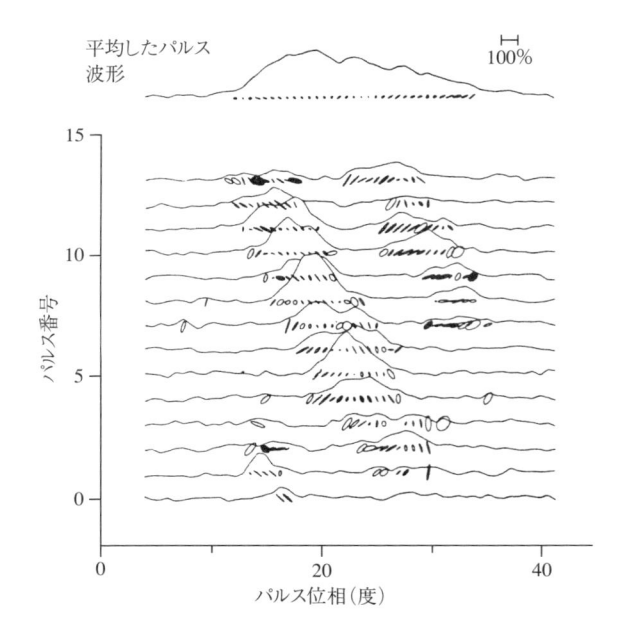

図3・3　サブパルスと重ね合わせたパルス波形の関係．毎回のサブパルスは小さく，パルスのやって来る位置がフラフラする．しかし，平均したパルス波形は非常に安定している．（Lyne, A.G., 1990より）．

運動規則と関係しているのに違いありません．しかし，重要なことが1つあります．サブパルスはフラフラ動いて，どこに出るのかわからないようにみえますが，重ね合わせたパルス波形は揺らぐことなく，その波形の範囲内でサブパルスは揺らぎます．これは，電波放射領域ががっちりと動かないように磁場によって押さえられていることを示していると考えられています．きっと，電波の放射領域は磁極近くの磁場の強いところなのでしょう（図3・4）．

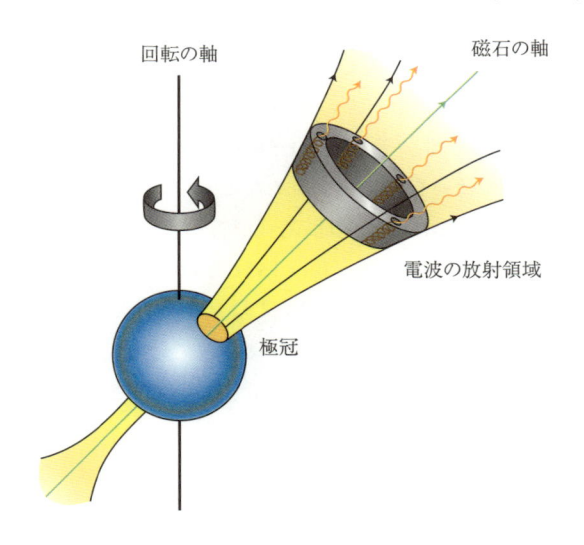

図3・4 電波ビームのモデル．

パルスの幅は遅いパルサーほど細くなる傾向があります．これも磁極近くで電波が出ていると考えるとうまく説明できます．この点に関してはパルサーの構造を論じないと説明できないので，後で説明することにします．様々な状況証拠があって，電波の出ている領域は磁極のすぐ上あたりだと考えられています．

3.4 パルサーの名前

「カニパルサー」，「ベラパルサー」という風にパルサーひとつひとつに名前を付けて呼んでいます．しかし，どんどんパルサーが見つかってくれば，「カ

ニ」や「ベラ」のような固有名で呼んでいられなくなります．そこで現在ではパルサーの天空での位置を名前にして呼ぶことにしています．

　天空での位置は，地球の自転軸を基準にして，地球上の経度，緯度と似た方法で決められています．赤道座標と呼ばれるもので，赤道座標の経度である「赤経」と緯度である「赤緯」とで表します．ただ，経度は一周360°の角度でなくて，一周を24時として時刻と同じように時分秒で表します．経度は星の日周運動と関係づけられるので，この方が便利だからです．また，緯度は北緯，南緯と言わないで，北側をプラスで，南側をマイナスで表すのも地上の経度・緯度と違うところです．例えば，カニパルサーの位置は，赤緯5時31分31秒，赤経＋21度58分54秒です．それで，PSR0531＋21が名前となります．最初に付ける PSR はパルサーを意味します[1]．これで命名法は決まってほっとするのですが，やっかいなことに，地球の自転軸はゆっくりとではありますが天球上を移動していきます．それで，昔は1950年の自転軸を基準に座標を定めた1950年分点の座標というのを使っていましたが，いまは，2000年分点の座標を使っています．そのため同じパルサーに対して分点の違いによって2つの座標の表示が可能で，名前もどちらを使うかで違ってきます．例えば，カニパルサーは1950年分点では上で書いたようにPSRB0531＋21となりますが，2000年分点ではPSRJ0534＋2200となります．Bが1950年分点を，Jが2000年分点であることを示しています．面倒なことを書いてしましましたが，パルサーにこのようにして名前を付けています．まぁ，人間のすることはこんなことです．当のパルサー様はそんなことおかまいなしに何万年も何十万年も，パルスを出し続けています．

3.5 「X線パルサー」の発見

　1967年の電波パルサーの発見のあとを追うように，X線天文学が発展します．宇宙からやってくるX線を観測する人工衛星ウフルが1970年に打ち上げられたのです．ウフルが観測したX線星のうち，ケンタウルス座X-3とヘルクレス座X-1と呼ばれる天体はX線で規則正しいパルスを出していました．それ

---

[1] Pulsating Soruce of Radio パルスしている電波源という意味です．

3.5 「X線パルサー」の発見

ぞれ，4.84秒，1.24秒の周期でした．それでこれらは「X線パルサー」と呼ばれることになります．図3・5にパルスの様子を示しました．

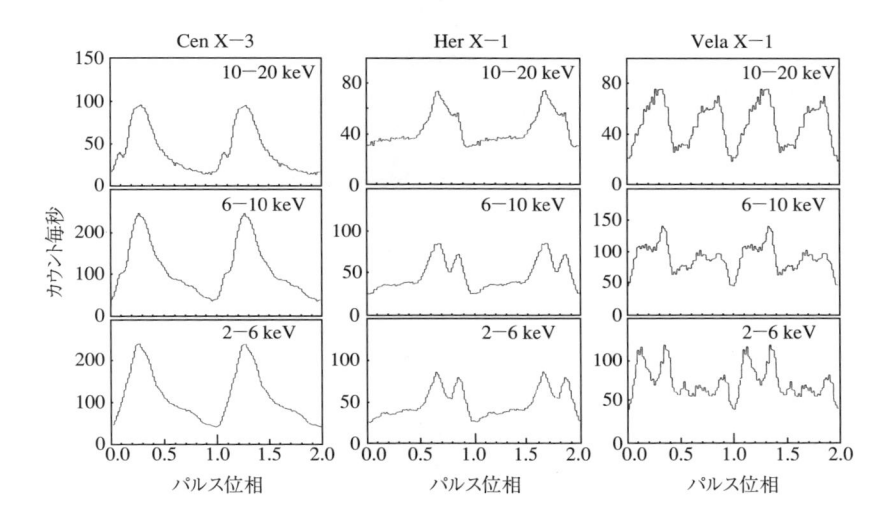

図3・5 X線パルサーのパルス波形．パルス位相は，1.0が1周期，2.0が2周期目を示す．
(Nagase, F., 1989より).

　パルスの形は，電波パルサーのものとちょっと違うように見えます．まず，パルスの形がなだらかです．電波パルサーは幅が狭く鋭くピッとパルスします．電波パルサーにしては周期が長いのもX線パルサーの特徴です．ケンタウルス座X-3の場合，2.08日周期でパルス周期が長くなったり短くなったりを繰り返します．この周期の変動はX線パルサーがもう1つの星と連星をなしていて，互いに回り合っているということで解釈できます（図3・5）．つまり，4.84秒でパルスを出しながら，2.08日周期で私たちに近づいたり遠ざかったりしていると考えるのです．そのときに周期が変化するのは音のドップラー効果と同じです．音のドップラー効果では音源が近づくとき音は高く聞こえ（周期が短い）遠ざかるとき低く（周期が長く）聞こえます．これ以外にも多くの傍証があってX線パルサーは連星にある中性子星であることがわかりました（図3・6）．

CHAPTER3 難攻不落の宇宙の灯台

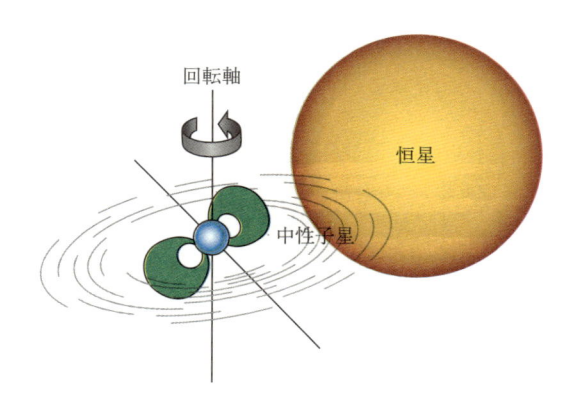

図3・6 連星をなす中性子星に見られるX線パルサー．磁極の部分からX線が出ている．

X線の放射の原因も比較的簡単に理解できます．連星をなす相手の星から吹き出たガスが中性子星の引力に引かれ，とうとう中性子星に向かって落ちていきます．重力によって加速され落ちていったガスは猛スピードで中性子星に落ちていくのですが，中性子星表面にぶつかり高温のガスができます．運動エネルギーが熱になったのです．この高温のガスからX線が放射されます．ガスは磁力線に沿って動きやすい性質があるので，磁極が熱くなります．中性子星の自転軸と磁極は一般に斜めになっていますから，中性子星が自転すると磁極がこちらを向いたり，隠れたりしますので，X線が見えたり見えなかったりするわけです．こんなわけでX線パルスができるので，電波パルサーのように鋭いパルスにならないのも理解できます．

3.6 回転駆動型と降着駆動型

電波パルサーとして見つかったパルサーはそのエネルギー源を中性子星の自転に求めます．それで，「回転駆動型パルサー（Rotation powered pulsar）」と言います．一方，X線パルサーとして見つかったパルサーは連星をなしていて相手の星から降り積もってくる気体が磁極に落ちて高温になりX線で光っています．このエネルギー源は中性子星へ落下するときの重力のエネルギーです．これを，「降着駆動型パルサー（accretion powered pulsar）」と呼びます．両

3.6 回転駆動型と降着駆動型

方とも磁場の強い中性子星であることにはかわりありません．しかし，エネルギー源が違います．

後で述べますが電波パルサーもX線パルスを出します．このX線のエネルギーは回転エネルギーに起因しています．これを「X線パルサー」というと混乱してきそうです．「電波パルサー」「X線パルサー」といった用語が用いられた時期もありましたが，いまでは，エネルギーの源によって，「回転駆動型パルサー」「降着駆動型パルサー」というふうに呼んで区別しています（図3・7参照）．

後から見つかった降着駆動型パルサーはさっさと放射の機構がわかってしまったのですが，回転駆動型のパルサーの放射がどのような仕組みで出てくるの

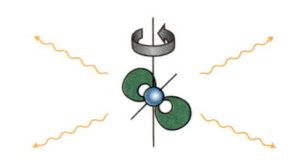

回転駆動型パルサー

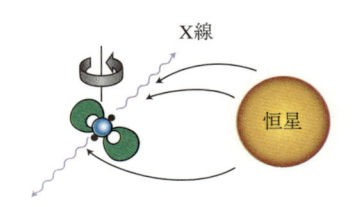

降着駆動型パルサー
（連星系の中にある）

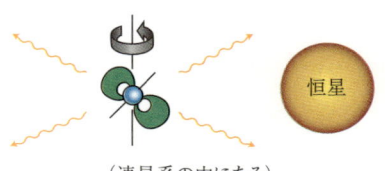

（連星系の中にある）
回転駆動型パルサー

図3・7　降着駆動型パルサーと回転駆動型パルサー．

か，なかなか解決されません．この大問題に挑戦しようというのが，この本の目的です．

　というわけで，以降，パルサーといえば回転駆動型のパルサーを指すことにします．

CHAPTER 4
灯台からの贈り物

4.1 パルスの遅れ

　パルサーからの信号を受信するには，まず，アンテナをパルサーの方向に向け，受信器をつないで，電源を入れ，さて，チャンネルをどうしましょう？つまり，受信周波数を選ばなければなりません．

　ここでは，1380 メガヘルツから 5 メガヘルツ区切りで 64 チャンネルとって，1700 メガヘルツまで受信できる受信器を使ったとしましょう．あるチャンネルでパルサーからのパルスを首尾よく受信できたとして，次に隣のチャンネルではパルスは受信できると思いますか？パルサーは広い周波数の範囲で電波を出しているので，上記のどのチャンネルでもほとんど同じようにパルスを受信することができます．実は，どのチャンネルでもよいのです．

　しかし，チャンネル毎のパルスを記録すると図4・1のような結果が得られます．図の横軸はパルスの到来時刻です．低い周波数のチャンネルほどパルスがやってくるタイミングが遅れていることがこの図からわかります．

　電波が伝わる速さは真空中であれば光速 30 万 km / s です．パルサーの電波が飛んでくる宇宙空間はほとんど真空ですが，ごく薄い気体で満たされています．その気体の中には自由に飛び交う電子がいて電波の伝播を妨げます，その結果，電波の伝わる速さが光速より遅くなります．低周波の電波ほど影響が大きいので，低周波のチャンネルほどパルスの到着が遅れます．

　この話を聞いてピンときた人はいますか？ちょうど地震波の遅れから震源までの距離を求めるのと同じように，パルスの到着時刻の遅れからパルサーの距離を求めることができそうですね．

　高周波と低周波の2つのチャンネルを決め，パルスの到着時刻の違いを測定します．色々なパルサーで調べてみます（言い忘れましたが，現在知られてい

33

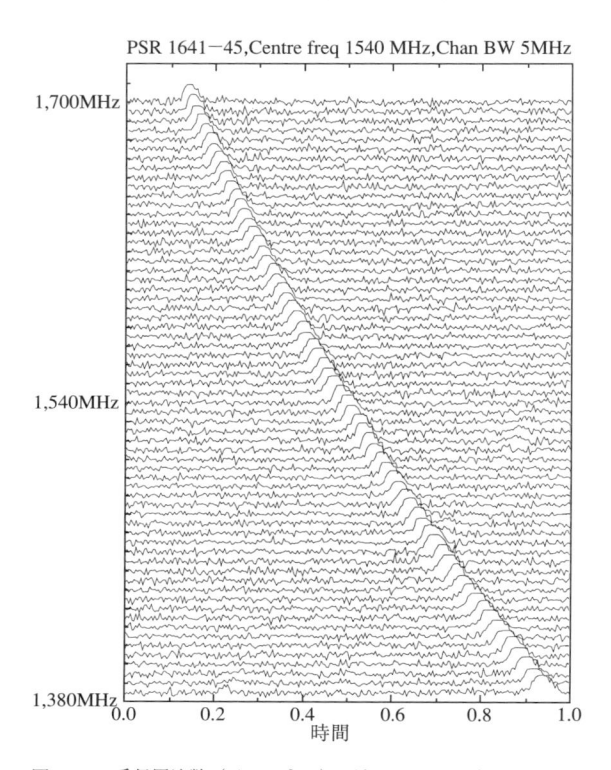

図4・1 受信周波数（チャンネル）ごとにパルスのくるタイミングが異なる．これはパルスの伝搬速度が電波の周波数によって異なることに起因する．
(Lyne, A.G., 1990 より)．

るパルサーの数は1400個以上です）．高周波のパルスに比べ低周波のパルスがそれほど遅れていないパルサーは近くにあるパルサー．遅れが大きいパルサーは，伝播が遅い低周波のパルスと伝播が早い高周波のパルスとの差が大きくついているということで，それだけ長い間宇宙空間を旅してきたことになり，遠くにあるパルサーです．こうして，パルサーまでの距離を簡単に推定する方法を我々は手にしたのです．すばらしい！

4.2　星間空間の電子密度を知る

パルスの到来時刻のずれは距離によりますが，同時に，宇宙空間にある自由

電子の密度によります．もし，たまたま電子密度の高いところがあってそこをパルサーからの電波が通り抜けてくると，パルスの遅れは甚だ大きくなります．距離が遠くなくても．結局のところ，パルスの到着の遅れはパルサーまでの距離と途中の宇宙空間の自由電子の平均密度の積に比例します．この積をパルサーの業界ではディスパージョンメージャー（Dispersion measure）と言います．記号ではDMと書きます．パルスの遅れから直接に測定されるのはこのDMの値です．

2～3000光年以内にあるパルサーであれば直接3角測量の方法でパルサーまでの距離を測定することができます．パルサーまでの距離がわかると，DMから，今度は宇宙空間の自由電子の密度を求めることができます．1000光年も先の空間の密度がそこまで行かなくても求まるのですから，これもすばらしい！

3角測量以外にパルサーの距離を知る方法がいくつかあります．パルサーがすでに知られている天体の中にいるとき，例えば，超新星残骸の中にあるとか，球状星団の中にあるとかの場合．この場合は，別の方法でその天体までの距離が知られていれば，自動的にその距離がパルサーまでの距離です．宇宙空間にただよっている中性水素がパルサーの電波を吸収する現象から距離を決める方法もあります．様々な方法で得られた距離とDMを用いて，パルサーが浮かぶ宇宙空間，星間空間，の平均の自由電子密度は0.03個/cm^{3}くらいであることがわかりました．

この辺は密度が高い，ここは低いとかいったより精密な電子密度の分布も得られています．このような電子密度の分布を用いれば，新しいパルサーが見つかったとき，直ちにDMを測定し，そのパルサーまでの距離を推定することができます．

4.3　分散とより良い観測のための努力

図4・1の例では受信周波数の5メガヘルツ毎にチャンネルを切りましたが，10チャンネルをまとめて1つのチャンネルにしてしまって，まとめて受信したらどうなるでしょう．1つのチャンネルの幅を広くするわけです．広がった分だけたくさんの電波の信号が入るので弱いパルスでも楽に受信できます．しかし，遅れてきたパルスが混ざって入ってくるので，ダラーとしたパルスになっ

て，パルスの発見が難しくなるという代償を払わなくてはなりません．チャンネルの幅を広げたことによるパルスの混合を少なくするために，高周波で観測するという作戦も考えられます．ところがパルサーからの電波は高周波ほど弱くなるという性質があり，高周波の観測はそれだけ難しくなります．結局，大きなアンテナを高感度のノイズの少ない受信機につないで使用することが，まず第一です．そして，最もうまくパルスを受信できるようにチャンネルの幅や周波数をうまく選んで観測します．

4.4 星座の中のパルサーの分布

星空の中のどこにパルサーがいるか？を調べてみましょう．360°のパノラマとか言いますが，空を見上げたとき，快晴としてもすべての星が見えているわけでなく，見えているのは空の半分です．地球の裏側に行くと残りの半分が見えて，両者を合わせると空全体になります．ちょうどお椀を2つ合わせた感じです．この空全体を球と考えて天球と呼んでいます．世界地図を描く要領ですべての天球を描くことができます．図4・2のようにすべての星座が描けます．特に地図の赤道の部分に天の川がくるようにしたのが図4・2です．

北半球にある電波望遠鏡と南半球にある電波望遠鏡が協力すると電波の強さの分布を天球の地図上に表すことができます．さらに，パルサーのいるところにマークをすると図4・3のような図ができあがります．

図4・2 天空全体を1つにまとめた図．赤道にあたる部分が天の川になるようにしている．

4.4 星座の中のパルサーの分布

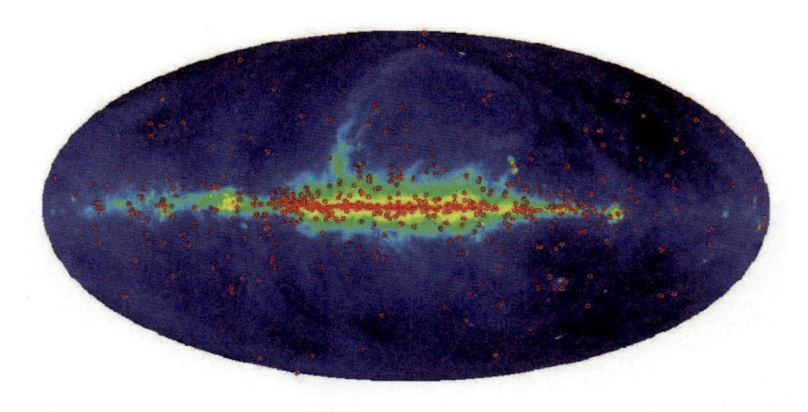

図4・3 全天の電波地図．濃淡で電波強度を表した上に，○印でパルサーの位置を示している．中心を通る水平線が銀河（天の川）の中心線．パルサーも天の川に沿って分布している．

　赤道面に沿って，電波でボ～ッと明るいのは天の川です．天の川は電波ではすごく明るい雲として空に横たわっています．目でみた天の川はボ～ッとした雲のようですが，実際はたくさんの星の集まりです．電波を発している天の川は本当にボ～ッとした雲のようなものです．この地図を見ると，「宇宙の灯台」パルサーは天の川に沿っていっぱいあることがわかります．もし「銀河鉄道」に乗ったら，天の川の砂粒の中に点滅を繰り返す宇宙の灯台が散りばめられているのを見るのでしょう．ロマンチックな想像もよいのですが，実際問題としてはこの天の川に沿った分布は何を意味しているかわかりますか？

　図4・4はアンドロメダ座にある有名なM31という「銀河」です．銀河というのは，巨大な星や気体の集まりです．図4・4のアンドロメダ座の銀河のように，中央が膨らんだ円盤型で，たくさんの星と莫大な量の気体が渦巻いているタイプのものを特に「渦状銀河」と呼んでいます．銀河を外から見るとこのように円盤に見えますが，銀河の中からその銀河自身を見ると，帯状に星の連なった「天の川」が見えます．「天の川」は私たちの住んでいる銀河の円盤です．私たちの太陽系は銀河の中心からかなりはずれたところにあります．私たちが銀河の中心の方向を眺めると，中央が膨らんでいることに対応して，「天の川」の幅が広くなって見えます．図4・3の図の中央が私たちの銀河の中心

です．確かに中央の部分が膨らんで，気体から発せられる電波が強くなっています．赤外線で見た全天図（図4・5）では「天の川」がずっと円盤らしく見えます．赤外線の全天図と可視光線で見た全天図を比べながら，円盤の縁から円盤の中心方向を見ていることを想像してみてください．天の川をこのような

図4・4　アンドロメダ銀河．

図4・5　赤外線で見た天の川．

観点から見ると私たちも宇宙に住んでいるんだなと強く実感することができるのでないでしょうか？

　パルサーも，この円盤型をした銀河という大集団の中に埋もれて存在します．銀河の中にある気体が集まって星が生まれ，やがてその星が超新星爆発を起こして中性子星を生みます．超新星爆発のときに吹き飛んだ気体は銀河の気体に戻っていきます．銀河の中では，星の形成と超新星爆発が繰り返されますから，たくさんのパルサーが銀河の中で誕生し，たまっていきます．中性子星はできてしまえばずっとそのまま中性子星です．パルサーが天の川に沿って分布しているのはそのような誕生の過程からすると当然といえます．

　このことを考えると，他の銀河，例えばアンドロメダ銀河にもパルサーが一杯あるはずです．残念ながら現在の電波望遠鏡の性能ではアンドロメダ銀河にあるパルサーからのパルスをとらえることができません．しかし，いつかきっと，アンドロメダ銀河にあるパルサーからの電波をとらえる日がくることでしょう．私たちの銀河のお隣にある「大マゼラン銀河」にはパルサーが見つかっています．

　宇宙にはたくさんの銀河があり，どの銀河にもパルサーがあると考えられるので，宇宙全体ではものすごい数のパルサーがあるでしょう．とある銀河では，とてつもなくでかい超新星爆発があって，とてつもなく変なパルサーが生まれたりなんかして？こんなことを考えると楽しくなってしまいます．

4.5　銀河の中のパルサーの分布

　パルサーまでの距離をディスパージョンメージャーという量から推定することができました．パルサーまでの距離と方向がわかると，パルサーの3次元空間での分布を知ることができます．特に，円盤の中でどのように分布しているか？円盤を上から見た図を作ってみました（図4・6）．海図の上に「灯台」の位置を書き込んだようなものです．ひとつひとつの「灯台」の点滅の周期やパルスの形はわかっているので銀河の中を旅行するときの飛行経路の確認に使える地図です．地図があっても旅行する宇宙船をどうやって作るかが問題ですが……．

　円の中心（＋印）が私たちの銀河の中心です．図を見てわかるように太陽の

まわりにいっぱいあって遠くにいくほどパルサーの数はまばらになっていきます．遠くにいくほどパルサーからの電波が弱くなるので見つかりにくくなるからです．この図から，私たちが観測できているのは太陽のまわりだけで私たちの銀河全体を見渡すことができていないことがわかります．

銀河の星の分布には渦巻き模様の粗密があります．渦巻き型をした密度の高いところを腕と言います．そこでは，質量の大きな星が一杯できて，そこでパルサーが一杯できます．すると，パルサーの分布でも，渦巻き模様が見えるかもしれません．図4・6でも腕の部分にパルサーがたくさんあるように見えませんか？見えると思うのですが，しかし，正確な距離の推定方法が確立しないとはっきと結論はできません．それより，銀河系の端まで見えるくらい強力な電波望遠鏡が欲しいですね．

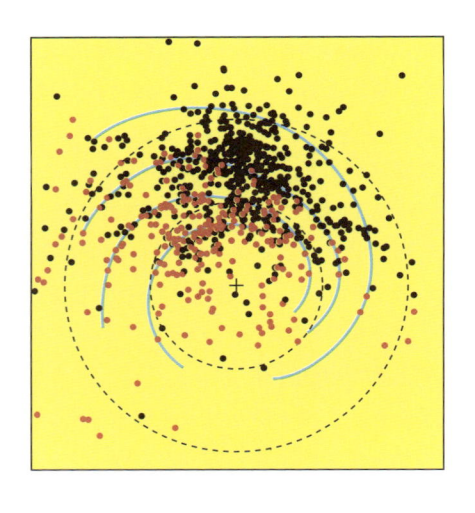

図4・6　パルサーの銀河円盤の中での分布．

CHAPTER 5

電場と磁場の競演

5.1 何もない空間に

　何もない空間に電気と磁気が現れては消え，消えては現れる．何もない空間に突然何かが現れて消えるというのは考えにくいことですが実際そのようなことが起こります．まるで（見たことはないんですが）妖精の踊りのように，電気の妖精と磁気の妖精が生成と消滅が繰り返しながら飛んでいくのが電磁波です．それは宇宙の灯台「パルサー」から発せられ，地球にも飛んできます．電気と磁気の生成・消滅の一秒あたりの繰り返しの回数，言い換えると振動数によって，電波，赤外線，可視光線，紫外線，X線，ガンマ線と電磁波に対する呼び名が変わります．振動数（単位はHzヘルツ）と呼び名の関係は図5・1に

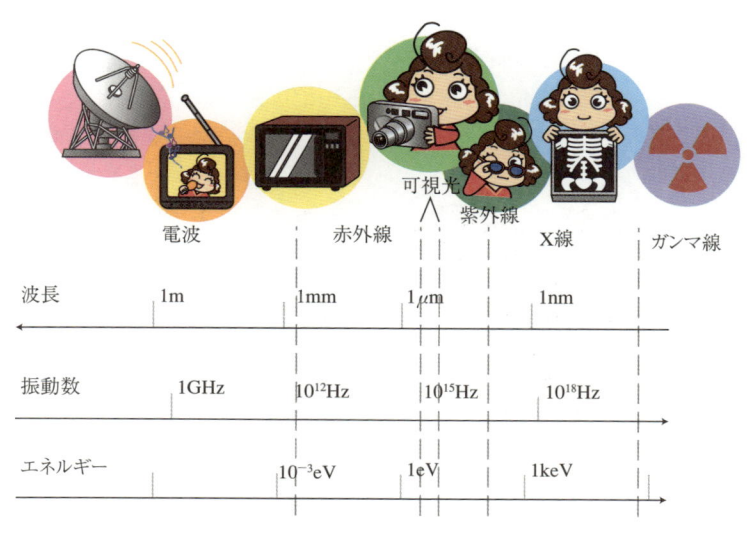

図5・1　振動数と電磁波の種類.

CHAPTER5 電場と磁場の競演

まとめておきました.

電気と磁気が何もない空間に現れるということがどのようにしてわかるか？と思うかもしれませんが，これは，電子とか陽子とかの電気を帯びた粒子に力が加わるのでわかります.

例えば，陽子はプラスの電荷をもった粒子です．電子はマイナスの電荷をもった粒子です．電子と陽子では電荷の大きさは同じで符号が逆です．つまり，陽子と電子が同数あれば全体としては電気的に中性に見えます．私たちが日常触れるたいていの物体は電気的に中性ですが，たまに2つの物体をこすり合わせて，一方の物体から他方へ電子が移動すると，電気を帯びるようになります．これが静電気ですね．電子が元に戻って中性になるお手伝いをさせられることがあって，そのとき「ビリッ」ときます.

陽子と電子のもっている電荷を $+e$ と $-e$ と表します. e の値は 1.6×10^{-19} クーロンです.

さて，この陽子が静止しているときに，電気の妖精がやってきて（見たことはないですが1つの比喩と受け取ってください），陽子を押します．もしあなたが陽子とすれば，電気の妖精はあなたの後ろに立って腰のあたりをぐいぐい押してきます．そしてあなたを前進させます．そのときあなたは悟るのです．ああ，電気の妖精が現れたのだと.

物理学では，電気の妖精の存在をきっちりと定義された「電場」という量で表します．陽子を静止させ，それに働く力を測定する実験をします．実験をしてみて陽子に力が働いていたら，電場ありと判断し，力が強いほど電場が強いと考えます．力がなければ電場はありません．電気の妖精はいないのです．力の働いている方向を「電場の方向」と約束します．力にも電場にも方向があり大きさも考えられますから，このような量はベクトルと呼

図5・2 電気の妖精が陽子を押している図.

5.1 何もない空間に

ばれます.ベクトルを使った式を使うなら以下のようにまとめられます.電荷 e をもっている粒子に力 $\vec{F}$ 働いていたら,そのときの電場 $\vec{E}$ は次式を満たすベクトルです:

$$\vec{F} = q\vec{E} \qquad (5.1)$$

陽子は静止していると言いましたが,力が働くと陽子は動き出しますよね.陽子が動いても電場によって働く力は変化することなく,陽子を押し続けます.しかし,もし磁気の妖精がいるときは異変が生じます.止まっている陽子にはその異変は起こりませんが,動いている陽子には別の力が現れます.陽子の運動が速いほどこの力は強くなります.そして力はいつも運動の方向と直角になっています.これは電気の妖精がいるときと明らかに違っています.このような力が現れたら磁気の妖精がいる証拠です.

あなたが陽子であるとしましょう.電気の妖精はあなたの腰のあたりを押して前進を促しますが,磁気の妖精はあなたの手を取って横に引きます.もしあなたがかなりの速さで前進していたとすれば,あなたは横に引っ張られ進路を曲げられます.磁気の妖精は進行方向といつも直角に手を引きますからあなたは磁気の妖精のまわりを回り始めます.きっと,磁気の妖精はダンスが好きなんでしょう(図5・3).

もしあなたが宇宙遊泳よろしく宙返りしながらあらゆる方向に運動できるなら,磁気の妖精が引っ張る力は,右手であったり,左手であったりします.また,いくら大きなスピードで動いても力を受けないような方向があります.これらのことは磁気の妖精にも方向性があることを意味しています.

このようにして,磁気の妖精の存在に対応して,磁場というベクトルを定義できそうだとわかります.

図5・3 磁気の妖精が運動する粒子を引っ張っている図.

CHAPTER5 電場と磁場の競演

　磁気の方向性をまとめるとこうなります．陽子があって，運動速度がこっちを向いていて磁場ベクトルがあっちを向いていれば，こっちからあっちに向かってネジを回したときにネジの進む方向が力の方向です．文章を読んでいてもわかりませんね．図5・4に絵で示しましたので図で理解してください．陽子がちょうど磁場ベクトルの方向に運動していれば磁気の妖精からの力はゼロになり，これが磁場ベクトルの方向だなと確認できます．

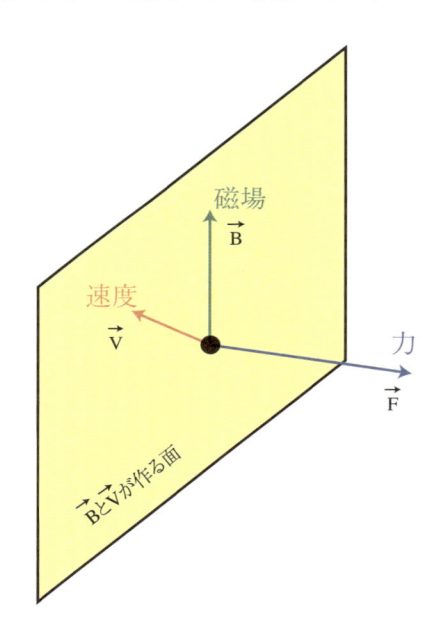

図5・4　磁場のあるときに粒子に働く力（ローレンツ力）．

　力の大きさは，電荷量×速さ×磁場の強さです．この計算では，速さとして磁場に垂直な成分を使います磁場に沿った速さがいくら早くても力に影響しないので，その成分は除きます．
　この複雑な状況をあっさりと表現する数学があります．その力を借りると，磁気の妖精から受ける力は次のようになります．

$$\vec{F} = q\vec{V} \times \vec{B} \tag{5.2}$$

$\vec{V}$が速度で，$\vec{B}$が磁場です．この式からわかるように，電荷が大きいほど，

磁場が強いほど，速度が大きいほど磁場からの力が大きくなります．ここで使われている×という記号はかけ算なのですが正しく力が計算されるように工夫されたかけ算です．ベクトルの勉強をするときにこれは「外積」とか「ベクトル積」という名前で習います．電場から力を受けると電荷をもった粒子はどんどん押されて加速していきます．一方，磁場から力を受けるとくるくる回り始めます．磁場による力は速度に垂直なので加速する効果はなく進行方向を曲げる働きがあります．電場はアクセル，磁場はハンドルといったところでしょうか．電場と磁場の性質の違いがわかりましたか？電場と磁場の両方があるときは両方からの力が同時に働きます．

5.2　マクスウェルの方程式

　電場や磁場がどのようにして生成し，そして，変化していくのかを決定するルールはマクスウェルによって完全に解明されました（1861年）．これはマクスウェル方程式として現在まとめられています．電気の妖精と磁気の妖精の行動パターンが完全にわかったということです．

　マクスウェルに先立ってファラデーが1831年に「電磁誘導」という名の妖精の行動パターンを見つけ，それを利用して単極誘導発電機を発明しました．実は宇宙の灯台「パルサー」の電磁波ビームのエネルギーはこの単極誘導発電器の電力でまかなわれています．ファラデーが知っていようがいまいが，人類が存在しないずっと昔からパルサーはこの単極誘導発電で電力を起こし粒子を加速し強い電磁波ビームを出し続けていたのです．パルサーは宇宙にある天然の発電所といってもよいでしょう．

　電場や磁場は，電子や陽子のような電荷をもった粒子に力をもたらします．同時に，電子や陽子のような電荷をもった粒子は電場や磁場を作ります．ちょうど，お金は人の行動を左右しますが，同時に人は生産活動によってお金を作るようなものです．この比喩はあまりよくないかもしれませんが，電場や磁場と電荷をもった粒子の相互の関係がネバネバしたものに絡まれている感じが伝わるのでないかと思います．

　電荷をもった粒子のまわりにはオーラのように電気の妖精がたくさん立っています．磁石についてもそのまわりに磁気の妖精がたくさん立っています．し

CHAPTER5 電場と磁場の競演

かし，磁石の場合は単独のN極，単独のS極はないので，NとSをペアにして磁気双極子が基本単位になります（図5・5）．

小さなリングになった電流は磁気双極子を作ることが知られています．つまり，電流が磁場を作ります．もし，電子が一列になって行進したとします（電流ですね），すると，その行進を取り巻くように磁気の妖精が忽然と現れます．やっぱり，磁気の妖精はお祭り好き．

マクスウェルはさらにおもしろい妖精の行動パターンを発見しました．電気の妖精と磁気の妖精が生成・消滅を繰り返しながら飛んでいくという行動パターンで，これを電磁波と呼んでいます．この行動パターンのおかげでパルサーからの電波信号が地球に飛んでくるのです．この電気と磁気の妖精の舞が空間を走る速さは毎秒30万kmで，これはまさしく光の走る速さです．光が電磁波だとわかります．

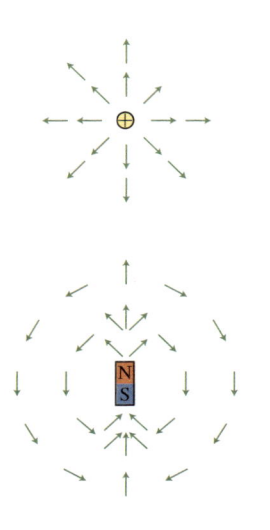

図5・5 電荷のまわりの電場のパターンと磁石のまわりの磁場のパターン．

CHAPTER 6
パルスの精密観測

6.1 パルス周期の測定

　天体の自転というのはきわめて安定です．地上で回っているコマは摩擦のためにすぐに止まってしまいますが，宇宙空間はほとんど摩擦もなく，「永遠」と言いたくなるくらい長い期間にわたって星は自転し続けます．実際，私たちは地球の自転を1日の長さとしてずっと使い続けています．

　「宇宙の灯台」パルサーからやってくるパルスの周期はパルサー本体である中性子星の自転周期です．中性子星の自転周期はどのくらいの精度で測定されていると思いますか？

　図1・5の受信記録でパルスの間隔を読みとると約0.7秒という周期がでてきますが，その精度はせいぜい0.1秒でしょう．しかし，このやり方はあまりにも安易にすぎます．例えば，パルスの観測を1日（つまり24時間）続けて，1日の間にやってくるパルスの数を勘定することにします．1日は24時間で，86400秒あります．1日の観測でちょうど123456.5個のパルスがきたとしましょう．0.5という端数は，ちょうど86400秒経った瞬間123456個目のパルスと123457個目のパルスのちょうど真ん中だったということです．

　測定時間（1日 = 86400秒）をパルスの個数123456.5で割ればパルスの周期（パルス1つ分の時間）が求まりますね．

$$\text{周期 } P = \frac{86400}{123456.5} \text{ 秒}$$
$$= 0.6998416 \text{ 秒}$$

という計算になります．1日がんばれば，なんと100万分の一秒の精度で周期が求まるのです．1年も根気強く観測すれば，さらに1000倍の精度で周期が求められます．

CHAPTER6 パルスの精密観測

この精密さがパルサー観測のウリ，つまり，天文学に大きな貢献をする理由です．単に，ビーム光が回転しているところが灯台に似ているということ以上に「宇宙の灯台」という名前に意味があるのです．

6.2 パルスのくるタイミングからパルサーの位置を知る

1つのパルスがある時刻（t_0）に観測されたとしましょう．次のパルスは1周期，つまりP秒後にやってきます．2つ目のパルスは$2P$秒後にやってきます．一般にN番目のパルスはNかけるP秒後，つまり，時刻$t_0 + NP$にやってくると「期待」されます．しかし実際は期待どおりにパルスはやってきません．

実際にパルスがやってくる時刻と期待される時刻のずれは2つの成分から成り立っています．1つは1年周期で遅れたり早まったりするようなずれで，もう1つはわずかずつですがどんどん遅れていくようなずれです．

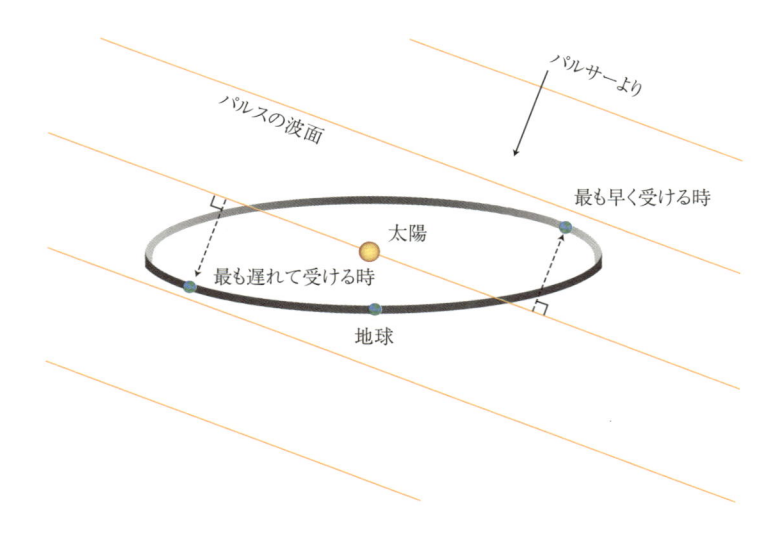

図6・1 パルスがやってくる中で地球は公転運動している．そのためにパルスを地上で受け取る時間がずれる．

地球は太陽のまわりを公転し，その周期が1年です．ですから，1年周期のずれは地球の公転運動に起因するものだとすぐ想像がつきます．パルサーから

6.2 パルスのくるタイミングからパルサーの位置を知る

出たパルスは長い宇宙空間の旅をして，海岸に打ち寄せる波のように太陽系にうち寄せてきます．うち寄せる波頭のようなものを図6・1に示しました．図を見るとわかるように，地球の公転によって，パルサーに近い位置でパルスを受け取る場合と，パルサーから離れた位置で受け取る場合があることがわかります．

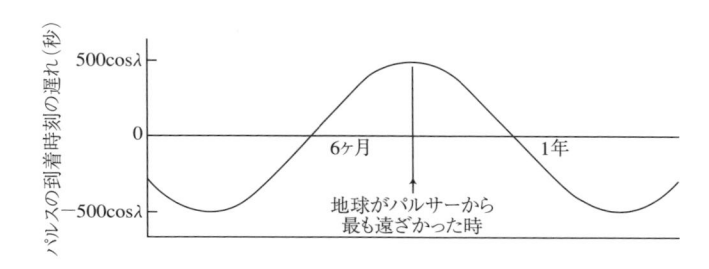

図6・2 地球の公転運動によるパルス到着時刻のずれの時間的変化．三角関数の形を示す．
(Lyne, A.G., 1990 より)．

太陽から地球までは光で約500秒かかりますから，パルサーの方向によりますが，予定時刻よりもパルスを早く受け取るときと遅れて受け取るときの時刻差は数百秒になることがわかります．このようにパルスの実際の受信時刻は地球の太陽のまわりの運動によってずれます．パルスの到来時間のずれは1年間を通してきれいな三角関数の曲線を描きます（図6・2）．

参考のために，地球が円軌道だった場合のパルスの到来時刻のずれを式で表すと

$$T_{ずれ} = A \cos\left(\frac{2\pi t}{T_0} - \beta\right) \cos \lambda \tag{6.1}$$

となります．A は地球と太陽の間の光の到達時間（約500秒），T_0 は1年の長さ，β と λ はパルサーの黄道座標での位置です．

ここではっきりしたことは，年に何回かパルスを測定し，上の理論曲線と比べれば β と λ の値，つまりパルサーの位置が求められるということです．電波望遠鏡の分解能が悪くても，パルスのくるタイミングでパルサーの位置がわか

ってしまいます．「宇宙の灯台」ならではの位置の決定方法といえるでしょう．少なくとも観測に1年はかかってしまうという欠点もありますが，簡単に1°の2000万分の1（0.2ミリ秒角）の精度で位置が決まってしまいます．

　実際のデータ解析ではもちろん地球の軌道が円でなくて楕円であることを考慮します．実際にはこのこと以外にもっと多くのことが考慮されます．

6.3　パルスの到来時刻の精密測定

　「宇宙の灯台」からのパルスの精密測定のためには色々なことを考えなければなりません．パルスの周期はきわめて正確に測定されるので，ちょっとびっくりするほど細かなことを考慮に入れます．

　観測所は地球の上にあり地球は自転していますから，このためのパルス到着時間のずれもあります．地球半径を光が横切る時間に相当する21ミリ秒の振幅でずれます．この補正は必要です．

　太陽のまわりに地球が楕円運動しているとみてきましたが，実際は太陽が止まっていると見るべきではなく，太陽系の重心があってそのまわりを太陽が回っていることを考えないといけません．木星の位置が太陽系重心に最も大きな影響を及ぼします．太陽系の重心は太陽中心から大きくずれて太陽表面のすぐ外側にあります．

　このように，地球の自転・地球の公転・太陽系重心のまわりの太陽の運動によって望遠鏡は動き回るので，そのぶんパルスの到来時刻がずれます．それらをすべて補正します．太陽系の重心は宇宙空間を等速直線運動する理想的な座標原点です．この原点に時計と電波望遠鏡を設置することができたとして，その望遠鏡が受けるパルスの到着予想時刻がこれらの補正の後に計算できます．

　しかし，パルス周期の測定はあまりにも精密なのでこれだけの補正では済みませんでした．

　これまでの補正は，観測所が動くため，パルスを受けるタイミングが早まったり遅くなったりする効果によるものでした．次に必要な補正は相対性理論から導かれる効果です．ちょっと常識的には考えにくいことですが，太陽の重力のために地上に置かれた時計はその歩みが遅くなります．もし，太陽がなかったことを想像してみて，そのときの時計の進み方に比べて，地球上の時計の進

み方が遅いということです．一般相対性理論によると，太陽という巨大な質量のまわりでは時間と空間がゆがみ，そのため地上の時計は遅れます．また，太陽系重心に置いた時計と地上の時計とは相対速度をもっているのでここでも時計が遅れます．これは特殊相対性理論で導かれる効果です．

　地球の公転はほとんど円運動なので，太陽と地球との距離はほとんど一定ですし，地球の公転スピードもほとんど一定なので上のような相対性理論による効果に気がつかないのでないかと思われるかもしれません．しかし，地球の公転軌道は1.7％ほど円からずれています．すると季節によってわずかですが，太陽に近づいたり遠のいたりして，太陽によってゆがんだ空間の中を動きます．公転スピードもわずかながら年変動します．結果として1年の周期で時計の遅れと進みが発生します．この変化は1～2ミリ秒程度ですが，パルスの到来時刻の精密測定には欠かすことのできない補正です．

　パルスが太陽のそばを通ってくるとき重力によって経路が曲げられます．この効果も太陽のすぐ側にパルサーがきたときには考慮しなければなりません．

　この文章を書いているだけでどっと疲れてしまうほどたいへんな補正をして，やっと理想的なパルス到来時刻の計算ができるようになります．

　最後にまとめると，理想的な座標系と時刻を用いてパルスの到来予想時刻を計算できるようになりました．理想的な座標と時刻とは太陽系の重心を原点として太陽から無限に離れた（太陽の重力がない）所に置かれた時計で計る時刻です．

6.4　パルス周期の遅れ

　これまで述べてきたすべての補正をしたうえで，パルスの到来時刻を予想し，観測と比較します．すると，パルサーの自転周期が徐々に長くなっていくことがわかります．パルサーの自転が遅くなっています．典型的には，1年間に1億分の1秒くらいの遅れです．私たちが日常生活で使う時計であれば，この遅れはまったく気にならない程度のものです．しかし，この遅れは，パルサーの自転エネルギーの減少を意味しているので重要です．この減少した分のエネルギーがまわりの宇宙空間に放出されているのです．パルサーから出る放射のエネルギー源はこの回転の減少によるものであることはすでに述べたとおりです．

パルス周期の遅れる割合を研究者は「ピードット」と呼びます．ピーは周期 P のこと．時間的変化の割合は，数学的には周期を時間で微分することを意味するのですが，この微分することを文字の上にドットを付けて，$\dot{P}$ と書く習慣があります．これをピードットと読みます．いつだったかアメリカのアスペンで半日スキーをしながら，半日研究発表をするという，（日本ではまず行われることのないような）研究会がありました．その研究会で，私同様パルサーの研究をしているロマーニさんとその奥さんと一緒に食事をしたときのことです．ロマーニの奥さんが，「うちの中でもピーとかピードットとか言って……まったく……」とグチをこぼしていたのが変に印象的でした．うちの中でも彼はこんなオタクっぽい話をしているんだ．私はうちではほとんど研究の話をしないのですが……．皆さんはどうですか？

CHAPTER 7
パルサーが放つエネルギー

7.1 磁気双極子放射

　地球も中性子星も巨大な磁石です．N極とS極があって，外から見ると星の中に棒磁石が埋め込まれた感じです（図7・1）．磁石の軸と自転軸とは斜めになっているのが普通です．

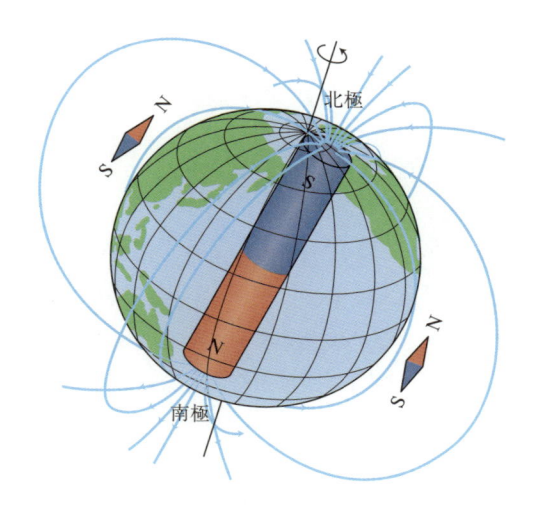

図7・1　地球の磁場の様子．
（『高等学校物理Ⅱ』啓林館より）．

　星のまわりの磁場の様子を知るために，地球に向かって陽子が飛び込んでくるとどうなるかを私の研究室の4年生にコンピュータで計算してもらいました．結果が図7・2です．陽子は，磁場にまとわりつくようにくるくる旋回するので，図7・2のようになります．陽子の運動を見ると，「磁力線」がよくわかりますね．

CHAPTER 7 パルサーが放つエネルギー

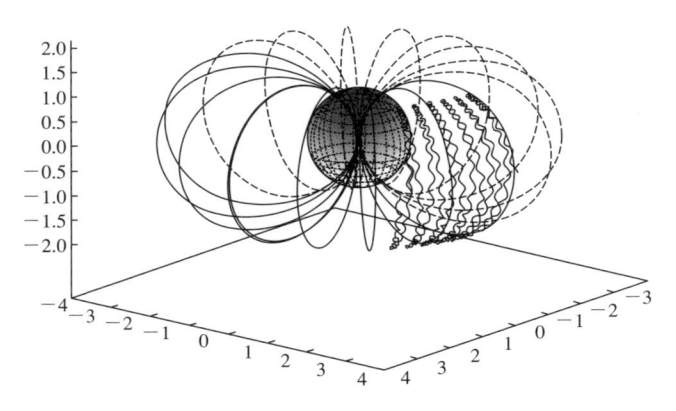

図7・2 磁石のまわりの双極磁場と陽子の運動.

　棒磁石の中央に糸を取り付け，糸で棒磁石を吊り下げて，磁石をクルクル回したことを想像してみてください．私たちは，磁石のN極がこっちを向いたり，S極がこっちを向いたり，交互に繰り返すことを見るでしょう．このとき，私たちのまわりの磁場は周期的に変動しています．磁場の変動が電場を発生させるというのが電磁誘導の効果です．この効果のため，星のまわりに電場が現れます．

　マクスウェルが考えたもう1つの誘導作用がありました．それによると，電場が変動すると磁場が誘起されます．これは，誘導の誘導を意味します．

　妖精の比喩を使うと，磁気の妖精がターンすると電気の妖精が発生してターンを始め，その結果新しい磁気の妖精が発生することになります．この誘導が繰り返されると，磁気と電気の妖精の舞いが空間を走ることになります．つまり電磁波の放射です．

　以上まとめると，磁化軸と自転軸が斜めになっていると星のまわりの空間の磁場が変動する；磁場が変動すると電場が誘導される；誘導された電場は変化するので磁場が誘導される；このような誘導の連鎖によって電磁波が作られ星から電磁波が放射されます．

　このような磁石の回転による放射を「磁気双極子放射」と呼んでいます．放射は主に自転の軸と垂直方向，つまり赤道方向に放射されます．

　中性子星は強い磁石になっていますから中性子星が自転すると強い磁気双極

子放射（電磁波）が出ると考えられます．波の周期は星の自転周期と同じです．例えば，カニパルサーなら30 Hz（一秒間に30回の振動）の電磁波です．

この考えは非常に良い考えです．しかし，後で見るように修正を要します．なぜなら，星のまわりが，いまは真空であるように扱っているからです．実際には電荷をもった多数の粒子がいるから，このとおりにはことが運びません．

とはいうものの，磁場をもった中性子星がどのくらいの量のエネルギーを放出するかを推定するには，この程度の考えでも十分良い推定ができます．このことを使って次の節では中性子星の磁場の強度を推定する方法を紹介しましょう．

7.2　パルサーの磁場の強さを推定する

もし，中性子星から磁気双極子放射が出ていて，その反作用として中性子星の自転がゆっくりになっているとすると，重大なことに気がつきませんか？磁場が強いほど放射が強く自転の減速が激しいのですから，自転の減速のようすから中性子星の磁場の強さがいくらか言い当てることができそうです．

この推論を少し詳しく検証してみます．

ポイントは次の2点です．

1. パルスの観測から自転の減速の割合が測定される．つまり，「ピー」と「ピードット」が観測される．そこから，自転エネルギーの減少率が計算できる．
   （自転エネルギーの減少率）＝（P と $\dot{P}$ とを用いた式）
   これは観測される量です．

2. 磁気双極子のエネルギー放射率は磁場の強さ B と自転速度によって計算されるだろう．
   （電磁場のエネルギーの放射率）＝（P と B を用いた式）
   これはマクスウェルの方程式から出てくる理論式．

自転エネルギーの減少率と電磁場のエネルギー放射率を表す上の2つの式の

CHAPTER 7 パルサーが放つエネルギー

値が等しいとすると，P と $\dot{P}$ から磁場の強さが求められます．この関係はエネルギーの保存法則を適用したと理解しても構いません．中性子星がもつ自転のエネルギーが放射のエネルギーに変化しただけで，エネルギーは全体として保存しています．

中性子星までわざわざ出かけて行って測定しなくても，中性子星の磁場の強度がわかるのです！なんとすばらしいことでしょう．

計算結果だけちらっと書いておくとこんな感じです．P を周期，$\dot{P}$ を周期の変化率，B を中性子星の表面磁場の強さであるとすると，

$$B = 2 \times 10^{12} \sqrt{P\dot{P}} \ [ガウス] \qquad (7.1)$$

となります．2×10^{12} ガウスは2兆ガウスです．上の公式を使うときは，P の単位は秒，$\dot{P}$ の単位は1000兆秒あたりの遅れの秒数（10^{-15} s/s）です．

この式を使うとひとつひとつのパルサーについて磁場を推定することができます．

早速，この公式からカニパルサーの磁場を推定してみましょう．カニパルサーの周期33ミリ秒，周期の変化率 4×10^{-13} s/s を用いると，磁場の強度は7兆ガウスとなります．

7.3 パルサーの年齢の推定

カニパルサーは，西暦1054年の超新星爆発の結果生まれたことから正確な年齢がわかりますが，名もない多数のパルサーはいつ生まれたかわかりません．大多数のパルサーは周期が1秒とかですから，カニパルサーよりもずっと歳取っているという想像はできます．しかし，磁場がわかってしまうともう少し正確に年齢を推定することができます．中性子星の磁場が変化しないとすれば，周期の変化する「割合」が決まってしまうからです．この周期の変化する割合をもとに，現在から何年さかのぼると周期が20ミリ秒になるか？といった計算が可能になります．生まれたときの周期がいくらかわからないわけですが，現在の周期よりずっと早かったということであれば，それが20ミリ秒であれ10ミリ秒であれ経過時間の推定値はさほど変わりません．

この考え方を適用すると以下のような公式が得られます．

$$\text{パルサーの年齢} = 1.6 \times 10^7 \frac{P}{\dot{P}} \text{ 年} \tag{7.2}$$

です．これをカニパルサーに適用すると1240年前となってまずまずの良い結果が得られます．

7.4 難問

　これまでの話で，回転する磁石から電磁波（電波）が出ることがわかりました．そうか，これがパルサーから電波が出て灯台になる理由か！と早合点しないでくださいね．

　磁気双極子放射による電磁波の周期は自転周期です．例えば，カニパルサーならば30ヘルツ（1秒間に30回振動する）電磁波です．しかし，パルサーが発見されたときの電波の振動数は81.5メガヘルツでしたね．メガヘルツというのは100万ヘルツのことです．すごい高い振動数です．すごい高振動数の電波が「ピッ・ピッ」と33ミリ秒間隔（周期）でくるのです．

　磁気双極子放射が放射されることが予想されましたが，ちょっと波の形が違うことがわかりましたね．

　磁気双極子放射は真空中に電磁波が出る場合ですが，実際のパルサーではまわりにイオンや電子からなる気体があるので，なだらかな波が鋭いパルス波に変化するかもしれません．そうすれば，パルサーからの電波放射が説明できたと考えてよいでしょう．

　パルサーからの磁気双極子放射があるとすればとても大きな振幅の波です．その波によって電子などが加速されて吹き出してきそうです．それがカニ星雲のような星雲を作っているかもしれません．これも魅力的なアイデアです．しかし，この考えに従って調べていくと星雲からは円偏波した光がありそうなのですが，円偏波は観測されないので，このアイデアも行き詰まっています．

　電波パルスの灯台モデルでは，電波の放射は磁化軸の方向に出ると考えました（図3・4, 27ページ）．磁気双極子放射は赤道方向に出るので，波の形だけでなく電波の出る方向も異なっています．

　電波パルスの起源は磁気双極子放射ではないようです．それでは一体，電波の起源はなんのでしょう？回転のエネルギーはどのような仕組みで放射され

CHAPTER 7　パルサーが放つエネルギー

るのでしょう？疑問は深まるばかりです．

CHAPTER 8
個性をもつパルサー

8.1　パルサー探し（続き）

　パルサーの発見以来，見つかったパルサーの数は30年かけてじりじり増えて，1997年の段階でおよそ700個のパルサーが見つかっていました．これらはインターネットでパルサーカタログとして公開されています[1]．しかし，ここ5年ほどの間に，知られているパルサーの数が急増し，1998年の末に1000個を突破，現在（2003年初め），一挙に倍の約1400個が知られています．パルサーがいっぱい見つかってきたのは，オーストラリアのパークス電波天文台

図8・1　パークスの直径64 mの電波望遠鏡．

---

[1] http://pulsar.princeton.edu/ftp/gro/psrtime.dat

（図8・1）で徹底的な探査が行われたからです．

　パークスには直径64 mの大パラボラ鏡がありますが，これに，13の空域が同時観測できるような受信システムが取り付けられました．これがあれば，同じ空域を観測するにも単純に13倍の早さで探査できますし，逆に，13倍の時間をかけて弱いパルサーまで観測する作戦も取れます．さらに，受信機の感度を上げてノイズを下げ，観測周波数の幅を他の電波天体のときより広げて発見率の向上を図っています．しかし，周期の早いパルサーは周波数の幅を広げるとパルスを発見しにくくなります（4.3でやったの覚えていますか？）．それで観測したバンドの中をいくつかに区切って解析する仕組みを作りました．

　新しい発見や学問の進歩には新しい装置の開発が欠かせないことがここでもよくわかりますね．

　たくさんのパルサーが発見されてくると統計的な研究ができます．統計的というとなんだか，たいくつそうな研究とお感じかもしれませんが，パルサーの生い立ちに関する驚くべき結果が顔を出しますので，以下をお楽しみに．

8.2　周期の分布

　どんな周期のパルサーがどれくらいの個数あるかヒストグラムに表してみましょう．図8・2です．図を見ると，1秒くらいの周期のパルサーが一番たくさ

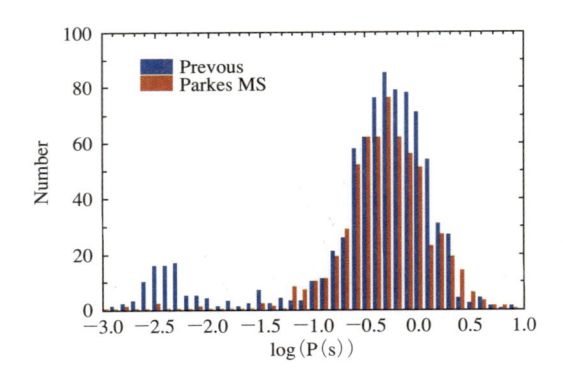

図8・2　パルサーの周期の分布．横軸は周期（対数目盛）．
縦軸は個数で，ヒストグラムを作ってみた．

んあることがわかります．0.9秒くらいの周期が一番多いでしょうか．しかし，気になるのは山が2つあることです．1秒の1000分の1を1ミリ秒と言いますが，周期の分布で，数ミリ秒のパルサーが結構な数あります．

例えば体重の分布を調べて同じようなヒストグラムを作ったとします．そのときに誤ってヒトのデータとゴリラのデータが混じったとすれば，たぶん2つ山のグラフができるでしょう．ゴリラはヒトよりずっと重そうですから．このとき，2つ山は，種が異なるものが混じっていることに起因しています．

同様の類推をすると，パルサーの周期にこれほどきれいに2つ山が見えるということは，パルサーには2つの種類があるのかもしれません．毛色の違った2種類のパルサーがいるのでしょうか？

8.3 ミリ秒パルサー

パルスの観測ではパルスの周期，つまり，中性子星の自転周期 P，と自転周期の変化率 $\dot{P}$ の2つの量が観測できます．第6章ででてきた「ピーと，ピードット」です．この2つの量を用いると中性子星の表面の磁場が計算できるのでした．2つの独立な測定量があるときは，縦軸・横軸に各々の量をとって1つの平面上で分布を調べるのが科学の常套手段です．

そこで，横軸にさっきと同じ周期をとり，縦軸には表面磁場をとって，パルサーひとつひとつ，点を打っていきましょう．結果を図8・3に示しました．

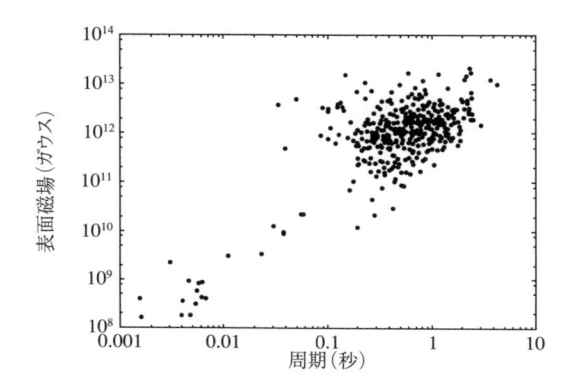

図8・3 パルサーの周期（横軸）と磁場強度（縦軸）の関係を調べた図．

横軸は周期ですから，周期が1秒前後の集団と周期がミリ秒の高速回転している集団の2つが確かにここでも見えますね．周期が比較的長い集団の磁場は数兆ガウスあることがわかります．それに対して，ミリ秒周期の集団の磁場はその1万分の1，つまり，1億ガウスしかないこともわかります．周期の違う2つの集団は周期だけでなく磁場も大きく違っていることがわかります．

この磁場の強いパルサーの集団は，図8・3の右上に位置し，「普通のパルサー」と呼ばれます．最初に発見されたパルサーはこのグループです．また，数としては大多数が「普通のパルサー」です．それに対して，周期が数ミリ秒で磁場が弱い左下に位置するパルサーは「ミリ秒パルサー」と呼ばれます．ミリ秒パルサーはその名のとおり周期が短いので発見が遅れました．

2つのグループがなぜあるのでしょうか？

8.4 普通のパルサーの一生

カニパルサーやほ座のパルサーなど，高速回転するパルサーが超新星爆発の残骸の中に発見されたことを第1章でお話しました．カニパルサーは周期33ミリ秒，ほ座パルサーは周期89ミリ秒です．大マゼラン雲と呼ばれる私たちの銀河のすぐ隣の銀河の中にN157Bという名前の超新星残骸があって，その中に周期17ミリ秒のパルサーJ0537-69が最近見つかりました．これはX線観測による発見です．

これらのパルサーは高速に自転していますが，「ミリ秒パルサー」とは呼びません．これらのパルサーは，ここ約1万年以内のごく最近に超新星爆発をして生まれたパルサーであり，磁場の推定値はおよそ1兆ガウスであることを考慮する必要があります．こんなシナリオが見えてきます．

普通のパルサーは10ミリ秒といった高速自転で，しかも，1兆ガウスくらいの強磁場をもって誕生します．生まれたときは周期が早くて10ミリ秒程度でしょうが，パルサーは，自転エネルギーを放出しながら徐々にスピンダウンしていきます．生まれてから1000年くらいでカニパルサーのように33ミリ秒くらいまで周期が長くなり，1万年くらいで周期は0.1〜0.2秒くらいになり，10万年くらいで周期1秒くらいまで遅くなり……といった変化をしていくでしょう．こういった道を歩んでいるパルサーが図8・3の右上にある普通のパルサ

ーの集団を作っていると考えるのです．スピンダウンしている間，磁場の強度は変わらない（ほとんど変わらない）というのが現在の統計的研究の結果です．

　遅い自転で生まれるパルサーもいくつか知られています．このことは普通のパルサーの誕生の仕組みを知るうえには重要です．そして，この本でその仕組みを語ることが残念ながらできませんでした．普通のパルサーの誕生の仕組みは実はよくわかっていないのです．若い皆さんの挑戦を待っています．

　図8・4は，図8・3と同じ図の上にパルサーが時間とともにどのように動いていくかを示しています．普通のパルサーは，図の中央やや上の位置に生まれ，時間とともに水平に右に移動していきます．生まれたときの磁場にいろいろ幅があるので上下にバラツキがあります．

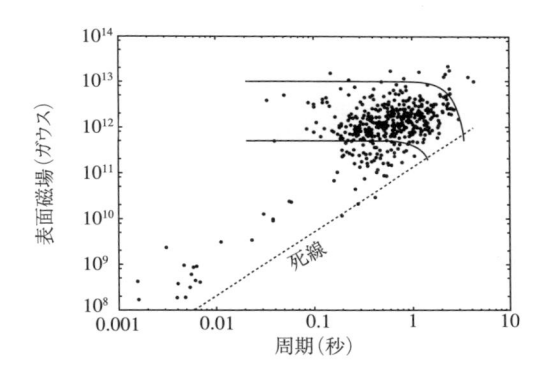

図8・4　パルサーの電場と周期が年齢とともにどのように変化していくか．

8.5　死んだパルサー

　銀河の中で何十億年にもわたって星が誕生し続け，次々に超新星爆発が起こり，パルサーは生まれ続けています．そして，徐々に自転速度を失い，老いたパルサーになってきます．長い銀河の歴史の中で，周期十秒以上の超高齢のパルサーが大量にたまっているはずです．さすが一億年もたてば磁場が徐々に弱まっているだろうと考えると，周期が遅くて磁場が小さいパルサーが，図8・3の中で右下に大量にあるはずです．しかし，そのようなものは見えません．ゆ

っくり回転する大量のパルサーはどこへいったのでしょう？

　図8・4を見ると，「死線」と呼ばれる線の右下にはパルサーは観測されません．死線の下に大量のパルサーが隠されていると考えられます．

　この現象に対する解釈はこうです．パルサーの周期がだんだん遅くなってきて死線に達すると「なんらかの理由」で電波を出さなくなる．「宇宙の灯台」は電波の送信を中止すると考えるのです．これは電波パルサーとしての死を意味します．電波を出さないとパルサーとして発見されることはありません．私たちは観測できないけれど，大量の死んだパルサーが「死線」の下にたまっていると考えています．

　死んだパルサーとはどんなパルサーでしょうか？中性子星自身がなくなったわけではありません．時間がたてば中性子星は冷えてしまいますから，表面からの放射も観測は難しいでしょう．死んだパルサーとは，自転する磁場をもった中性子星ですが，自転がゆっくりになってしまい，そのため電波ビームを出さなくなったパルサーです．大きな問題は「なぜ，死線があるのか？」です．この説明はこの本の後ろの方でちゃんとしますね．

8.6　ミリ秒パルサーはどこからきた？

　「普通のパルサー」の誕生から死までのシナリオでは，ミリ秒パルサーの出る幕はありません．ミリ秒パルサーは何者なのでしょう？

　ミリ秒パルサーの発見の第一号はPSR1937＋21というパルサーです．

　電波を発する天体には電波銀河，クェーサーなど色々あります．4C21.53という天体はスペクトルからすると電波銀河やクェーサーらしくなく，むしろパルサーっぽいのですがパルスが発見されず，しばらくの間，謎の天体でした．パルスしていないか調べても普通に予測される周期の範囲ではパルスは見つかりませんでした．受信器の時間分解能を向上させ，記録を細かくし，大量のコンピュータ計算をした末にやっと見つかった周期は，なんと1.55ミリ秒でした．1982年のことです．

　このパルサーPSR1937＋21は，1秒間に645個のパルスを発信しています．「ピッ，ピッ，ピッ」とパルスがやってくるという感じではなく，もし音だったら，「ピーーー」という連続音と聞こえてしまいます．645ヘルツですので，

8.6 ミリ秒パルサーはどこからきた？

高い方のレとミの中間くらい（はっきりいってかなり音痴な中途半端な音の高さです）に相当します．その後，たくさんのミリ秒パルサーが見つかりましたが，この周期は最短で，この記録はまだ破られていません．

自転スピードとしてもものすごく早いものであることも重要です．もし，PSR1937＋21の中性子星の表面にあなたが立ったとすると，あなたは毎秒4万kmで回転運動します．光速のなんと13.5％です．星がこんなに速く回るなんて信じられない！と思うかもしれません．でも信じてください．本当なのですから．これ以上速く自転したら中性子星が遠心力で壊れてしまう限界に近い自転です．だから，PSR1937＋21の記録を破るような短周期のパルサーを見つけたら単に記録破り以上の波紋が広がります．中性子星の内部構造理論のうちあるものは否定されてしまうからです．これは原子核物質の研究にとって重要な影響をもちます．宇宙の研究が素粒子の研究といろんな所で結びついているのってとても素敵なことです．そう思いませんか？

1996年に出版された銀河系にあるミリ秒パルサーのカタログを見ると，47個のミリ秒パルサーが登録されています．このうち多数派の，38個は連星になっています．連星というのは星が単独で存在するのではなくてもう1つの星とペアになっていて，互いに回り合っている星です．先ほど出てきた最速パルサーPSR1937＋21は連星になっていないのですが，これはむしろ例外的です．この他に，球状星団の中にミリ秒パルサーとして33個が記載されています．

連星に含まれている割合がきわめて高いこと，球状星団にあること，は普通のパルサーに見られない特徴です．ミリ秒パルサーは普通のパルサーと別の素性をもっているのだな，と思うべきでしょう．パルサーの発見自体大きな驚きでしたが，このミリ秒パルサーという新しい種族の発見はまた新しい驚きを天文学者にもたらしました．ミリ秒という高速回転，生まれる過程も違うらしい，新種のパルサーです．

恒星の約半分は連星をなしていると言われますから，連星の中の星が超新星爆発を起こし中性子星になることはごくあたり前に予想されることです．連星に生まれたパルサーが単独で生まれたパルサーとは別の運命をたどるのは仕方のないことでしょう．

中性子星と普通の星が連星になっているとき何が起こるのでしょうか．中性

子星の重力に引かれて，相手の星から出たガスが中性子星に落ちていくのです．中性子星に降ってきた物質は中性子星の表面に激突して高温になり，X線を発生させます．X線で観測すればこのような連星の中にある中性子星が見えます．

中性子星の磁場が十分強ければ磁極に物質が落ちて磁極がX線で光ります．磁極がこちらを向いたときと星の影に隠れたときとでX線の強さが変化しますから，自転周期でX線が変動します．これがいわゆる「X線パルサー」です（最近は「降着駆動型パルサー」と呼ぶことが普通です）．

連星をなす星は互いに回っていますから，降ってくる物質はパルサーのまわりを渦を巻きながら落ちてきます．コマの縁を紐などで叩いて回転を早めるのとまったく同じように，すごい回転スピードで中性子星に落下する物質のために中性子星の回転が上がります．

第9章でパルサーのまわりのプラズマは電磁誘導現象のためにパルサーと一緒に回ろうとすることを学びます．もし磁場が強いと，この一緒に回ろうとする領域（磁場によって支配された領域）が大きいので，その領域の外縁では遠心力が大きくて物質はまわりに投げ出されてしまいます．物質は星に落下できず，回転のアップはできません．逆に，磁場が弱いと一緒に回る領域は小さく，外縁の遠心力も小さいので回転のアップが進みます．そこで，1億ガウスくらいの磁場のとき，物質の落下が遠心力に邪魔されずどこまで回転がアップするか計算してみるとちょうど1〜2ミリ秒くらいという値が出てきます．そうです，磁場の弱い連星にある中性子星がミリ秒の周期を獲得できる立場にあるのです．

このような結果として，磁場が1億ガウスくらいの高速回転するパルサーが誕生すると考えられています．

8.7 ミリ秒パルサーも立派な「宇宙の灯台」

素性はどうあれ，ミリ秒パルサーからは電波パルスが観測されます．ミリ秒パルサーの電波パルスは，ただ，周期が短いだけで，それ以外の電波パルスの性質は普通のパルサーとほとんど違いが見られません．つまり，ミリ秒パルサーは磁場の強さが普通のパルサーの1万分の1しかありませんが，「宇宙の灯台」としての仕組みはちゃんと働いている，電波発生は普通のパルサーと同じよう

8.7 ミリ秒パルサーも立派な「宇宙の灯台」

に行われている．これはすごいことだと思います．

　電波発生には磁場が関連しているでしょう．磁場が1億ガウスでも1兆ガウスでもまったく同じように電波ビームを発生する機構が働く！これは驚異です．温度にせよ，電圧にせよ，1万倍も変化しても同じように働く機械はあるでしょうか？40℃のお風呂を40万℃にしてお風呂になるでしょうか？100ボルトで働くテレビに100万ボルトを流したら映るでしょうか？給料が1万倍になっても，まったく同じ生活ができますか？

CHAPTER 9
宇宙の巨大発電所（失敗）

9.1　ネオジム磁石

　考えるための材料としてネオジム磁石（Nd‐Fe‐B）というものを使いたいと思います．これはすごく強力な磁石です．図9・1に円盤形のネオジム磁石を準備しました．これは，よく目にするフェライト磁石より10倍の強さがあります．磁石の近傍で4000ガウスくらいあるということです．学校の理科室にあるのでないでしょうか？インターネットで，「磁石」で検索をかけて，通信販売で売っている店を見つけることもできます．ちょっと高価かもしれませんが興味をもたれたなら，ぜひ手に入れてください．それはそれは強力な磁石です．

図9・1　ネオジム磁石．

　この磁石を使うと色々おもしろいことができます．例えば，反磁性．磁石というと鉄を引きつけることは誰でも知っていますね．鉄は強磁性です．これに

対して，水や炭素は反磁性です．これらは磁石を近づけると逃げていきます．磁石が弱いと気がつきませんが，このネオジム磁石なら簡単に反磁性を見ることができます．

楽しいネオジム磁石なので，買ってしばらくの間はポケットに入れて持ち歩いて，学生たちに見せびらかしていたのですが，磁気カードを壊されるという苦い経験をしてからは，研究室の隅に隔離保管しています．

このネオジム磁石のもう1つの特徴は電気的な導体であることです．中性子星の表面近くは鉄でできた殻で覆われていて電気を通します．ですからネオジム磁石はパルサーのモデルとしては最適です．

9.2 単極誘導発電機

ネオジム磁石でモーターを作ることを考案した人がいます．逆の使い方をして私たちは発電機を作ってみましょう．

ネオジム磁石と釘またはネジを準備します．図9・2では，円盤型の磁石に太いネジを立てています．磁石は強力なのでネジの頭はがっちり磁石に固定されます．円盤型の磁石の上面と下面がそれぞれN極とS極に対応しています．手に持ったクリップに磁石の力でぶら下げると，ネジとクリップは接しているだけなので，ネジを軸にして磁石はスムースに自転します．手でピュッとスピンをかけてやるとしばらく回転を続けます．

回っている磁石を見ても，何も起きていないように見えますがそこでは電気的変化が起きています．実際，つり下げているクリップ（回転軸）と円盤周辺の間に電圧が発生しています．

図9・2　釘を立てたネオジム磁石．クリップの下につり下げるとかろやかに回転します．

9.2 単極誘導発電機

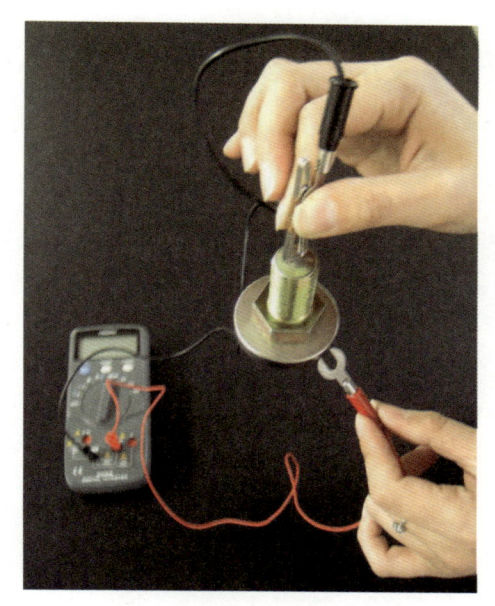

図9・3 ネオジム磁石を用いた発電実験.
ネオジム磁石にスピンをかける．自転しているネオジム磁石の縁と回転軸の間の電位差を測定する．

　測定のため，デジタルテスターのマイクロアンペアの端子を使いましょう．テスターの一方の端子を磁石がぶら下がっているクリップに取り付け，テスターのもう一方の端子をくるくる回る磁石の縁に触れると……，さてどうでしょう！テスターの目盛りが動いて電流が流れていることを示します．ミリボルトの端子でも，ちょっとわかりにくいかもしれませんが，同じように発電の様子がわかります．磁石を逆まわしにすると電流の向きが逆になります．このような回転磁石の発電を単極誘導発電と言います．

　学校で習う普通の発電機はN極とS極が交互にコイルに近づいたり遠ざかったりする仕組みになっています．流れる電流は行ったり来たりする交流です．しかし，単極誘導発電ではN極とS極の位置は変化しません．また，電流の向きは回っている間，一定しています．つまり，直流です．

　普段，自転車についているようなお馴染みのタイプの発電機とここでご紹介した発電機とは同じではないのです．

CHAPTER 9　宇宙の巨大発電所（失敗）

　この起電力が生じる仕組みを説明しましょう．そんなに難しくはありません．磁気の妖精のいる中で回転運動があるとどうなるかを考えればすぐに理解できます．

　磁石の中にいる電子は，磁石を回転させるともちろん磁石とともに回転します．磁気の中で電子が回転運動すると，電子に力が働きます．力の方向は運動方向と直角でしたね．図9・4を見ると，電子は回転軸に集まるような力を受けることがわかります（もし，磁石の裏表を変えてS極を上にすると電子は逆に磁石の縁の方に集まってきます．また，回転の向きを変えても集まる方向は逆転します．いろんな方向を考えると混乱するかもしれないので，いまは図9・4の向きで話を進めます）．

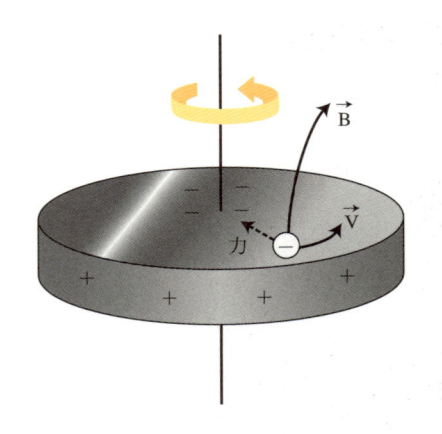

図9・4　磁場の中で円盤が回転すると，電子は回転軸に集まる方向に力を受ける．回転軸が負に，周辺部が正に分極することになる．図と逆回転すれば正負が逆になる．

　電子が回転軸に集まると，電子は負の電荷をもっているので，回転軸の近くは負に帯電します．一方，磁石の縁の方は電子が少なくなって，正の電荷をもったイオンが取り残されるので，磁石の縁は正に帯電します．電子とイオンが中和している状態から，電子とイオンの数に偏りができ，正と負の電荷が現れたのです．これを電荷分離と言います．結局，磁石の縁が「正」，回転軸が「負」に帯電した電池ができました．

　テスターではなくて，豆電球を回転軸と磁石の縁につなげば豆電球を光らせることができるでしょう．電荷分離を中和するように電流が流れます．電流を流す力（電子に働くローレンツ力）は，磁石が回転するかぎり続きますので電流は流れ続けます．

　同じ原理で，巨大な回転する磁石である中性子星は発電機になって「原理的には」光を発することができそうです．

　私の実験では起電力は数ミリボルトでした．とても豆電球は光らせることは

できないでしょう．しかし，中性子星は磁場が強く，磁石の大きさも大きいですから，起電力もさぞかし大きいでしょう．

　パルサーの作る電圧がどれくらいかちょっと見積もってみましょう．電子をポンプのように押し上げている電磁力（正しくは単位電荷あたりの電磁力）と押し上げている距離の積が電圧です．電磁力は磁場の強さと回転速度に比例し，回転速度は回転半径に比例し周期に反比例します．以上まとめると，

$$
\begin{aligned}
(\text{電圧}) &\propto (\text{電磁力}) \times (\text{磁石の半径}) \\
&\propto (\text{磁場の強さ})(\text{回転速度}) \times (\text{磁石の半径}) \\
&\propto (\text{磁場の強さ}) \left(\frac{(\text{回転半径})}{(\text{回転周期})} \right) \times (\text{磁石の半径}) \quad (9.1) \\
&\propto \frac{(\text{磁場強度}) \times (\text{磁石の半径})^2}{(\text{回転周期})}
\end{aligned}
$$

　結局，電圧は磁場の強度に比例し，磁石の半径の2乗に比例し，回転周期に反比例します．ネオジムの磁石に比べ中性子星磁場はざっと10^9倍，半径は10^5倍，周期はパルサーとネオジム磁石は同じくらい．すると電圧は私たちの実験の10^{19}倍です．実験ではミリボルトの電圧が観測されましたので，パルサーで予測される電圧は10^{15}ボルトになります．これはすごい．

9.3　豆電球を光らせるエネルギー

　回転する磁石に豆電球をつないで豆電球を光らせてみましょう（図9・5）．磁石の縁が「正」，回転軸が「負」でしたから，図の矢印の向きに電流が流れます．

　ここで，磁石の中を流れている電子に働く力を考えてみましょう．電子は中央の回転軸に向かって流れていますが，

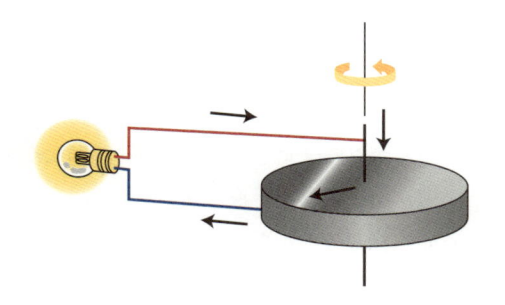

図9・5　回転する磁石に豆電球をつないで明かりをともすことができる．

この運動によって磁場からどんな力を受けるでしょう．速度と磁場の両方に垂直な力です．方向にも注意しましょう．速度から磁場に右ネジを回す方向でした．ただし，これは正の電荷に働く力ですから，電子に働く力はこの逆です．結局，この力は，回転を止めるような方向になります．

再び「ピピッ」と自然の摂理を感じましたか？この力は回転にブレーキをかける力です．電流が流れ，豆球が光れば，そこで電気的エネルギーが消費されます．このとき同時に，回転にブレーキがかかって回転のエネルギーが消費されます．

回転のエネルギー→電気的エネルギー→光のエネルギーの順にエネルギーがバトンタッチされています．エネルギー保存の法則は常に成り立っているのですね．回転する磁石の働きで，磁石の自転のエネルギーが電気的エネルギーに変換され，それが豆球で光のエネルギーになって放射されました．

さて，机の上で発電実験に成功したので，早速これを宇宙に持ち出して宇宙発電所が作れるか実験してみましょう．

9.4　宇宙発電所実用化実験

まず，ロケットでネオジム磁石を宇宙空間に打ち上げましょう．ネズミ花火を知っていますね．同じ要領で，円盤状のネオジム磁石の縁に小型ロケットをつけて点火します．するとネオジム磁石は自転を開始します．1秒間100回くらい回しましょう．さてこれで発電が始まりました．

電池切れになった宇宙船が充電のために立ち寄ります．磁石の回転軸と縁にリード線を触れると電流が流れ，見事，宇宙船の電池に充電が始まります．船室にも光が灯ります！これは夢です．この実験はこんなにうまくいくでしょうか？

賢明なあなたはすでにエネルギー問題について考えているでしょう．

充電が始まると吸い取った電気エネルギーと送電ロスのエネルギーの分だけ磁石の回転のエネルギーが減少します．永遠に発電できる発電所などという話はないわけで，私たちの宇宙発電所も間もなくすると，回転が遅くなり，回転エネルギーが切れてくれば，またネズミ花火を仕掛けなくてはなりません．

月とか近くを通る小惑星とかの運動を利用してネオジム磁石を回転させる技

術を開発することにしましょう．もし，そのようなエネルギー源をうまく利用できればエネルギー問題は解決です．

それでもなお，私たちの発電所は問題を抱えているのです．

9.5 宇宙発電所実験失敗

宇宙発電所が失敗した様子を伝えるレポートを見てみましょう．

「宇宙船が宇宙発電所に接岸し電力供給がはじまると，宇宙船がリード線ごと回転を始めました．宇宙船とリード線が磁石と一体になって回り始めた頃，発電機から宇宙船への電力供給が止まってしまいました！」

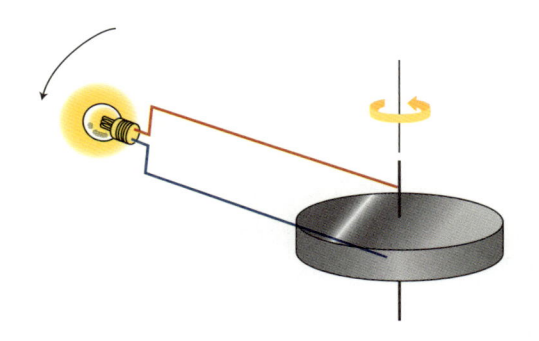

図9・6　回転する磁石に電球をつないだが，電球も一緒に回り始めた．すると，電球は光らなくなる．

何が起こったのでしょう．

磁石のまわりにはいたるところ磁気の妖精がいます．電力供給回路に電子が流れ始めると，磁場は電子の進行方向に直角に力を及ぼします．習ったとおりですね．磁気の妖精の性質です．その力は，「磁石と一緒に回ろうよ！」という方向です．この力によって宇宙船とリード線はやがて磁石と同じ方向に回転を始めます．これも一種の誘導作用です．

宇宙船やリード線の中にいる電子も磁石と一緒に回り始めるのですが，回り始めると……なんだか悪い予感がしませんか？回転する電子に働く力は，回転軸に集まれという方向です．つまり，電子は回路を循環するのでなく，一方的に軸に集まるだけです．別の言い方をすると，宇宙船やリード線も回転したた

め磁石と一体化し発電機の一部になってしまった，ということです．

　回転運動から電気を取り出すには相対的な運動，つまり回転するものと止まっているものがなくてはならない，一緒に回ったら，お互いは回っていないに等しいので電気は取り出せない，という考えでもよいです．

　ここでわかったことは，回転する磁石のまわりの導体は磁石と一緒に回ろうとすることです．「回転の誘導」という現象です．もう1つの教訓は，磁石と一緒に回ったら，起電力を利用できない，ということです．

　実験室ではうまくいったのはなぜでしょう．机上の実験でも電球と導線は「磁石と一緒に回ろうよ！」という方向の電磁力を受けます．しかし，電球とリード線はしっかり手で押さえているから，電球とリード線は磁石と一緒には回らないで，静止しています．エネルギーを取り出す電球側と磁石の間は常にこすり合っている状態です（相対運動があります）．この相対運動があればこそエネルギーが取り出せるのでした．

　実験室では電球とリード線を持っている「あなた」がいたけれど，宇宙空間ではだれが電球とリード線を持ってくれるのでしょう．「神様」が持ってくれるのでしょうか？パルサーには神様がついているのでしょうか？

CHAPTER 10
宇宙の巨大発電所（成功）

10.1 放射の反作用

「宇宙」がとった巧妙な仕組みがここにはあります．一体どのようにして，神の手を借りることなく，回転する磁石からエネルギーを持続的に取り出しているのでしょう．

電球の光を四方八方にまんべんなく出すのではなくて，回転運動の方向にビーム状に出すとどうでしょう．

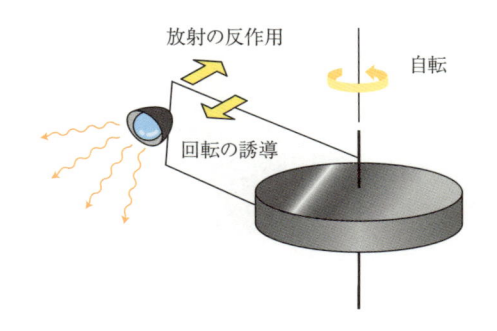

図10・1　光をビーム状に出すようにした宇宙発電所.
光の放射の反作用によって，回路が磁石と回転することが妨げられる.

光は放射するとき電球を蹴って飛び出すので，反作用として，光の飛び出したのと逆方向に電球は衝撃を受けます．放射の反作用と言います．四方八方にまんべんなく光が出ていればこの反作用の合計は0でなんの効果もありません．しかし，光が一方向にのみ出ていれば，その反対方向に正味の力が働きます．

自動車のヘッドライトは前方に放射しているので，その反作用として後向きの力（進行を妨げるような力）を受けています．この力は弱いので感じた人はいな

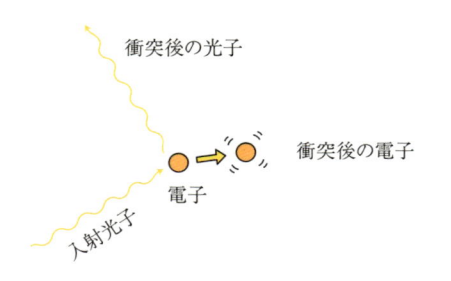

図10・2 コンプトン効果は光が運動量をもつことをはっきりと示してくれる．このことから光の放射には反作用が生じることがわかる．

いと思います．しかし，ミクロの世界では実際に観察されます．例えば，光が電子にあたって跳ね返されるようなとき，光が飛んだ方向とは逆の方向に軽い電子ははね飛ばされてしまいます（図10・2）．コンプトン効果と呼ばれる現象です．これは，光が物質同様に運動の勢い（運動量と言います）をもっていることに起因しています．

　回転する磁石に電球を接続しますが，今度は，光を回転運動の方向のビームとして出します（図10・1）．すると電球には回転と逆方向の力が働きます．回転の誘導作用が起こっても，放射の反作用で回転を止めることが可能です．これで電力をとり出すことができそうです．

10.2　宇宙発電所の巧妙さ

　ここには2つの問題があります．1つは，一方向にビームした光を出すにはどうすればよいか．もう1つは，自動車のヘッドライトの例でわかるとおり放射の反作用は一般に弱そうに見えるのですが，それは頼りになるのかどうか？この2つの問題を一気に解決するのが，さっきの宇宙発電所の失敗そのものです．ここがすごく巧妙なのです．

　パルサーのまわりの導体（これは電離した気体です）は，回転の誘導作用によってパルサー本体と一体になって回転しようとします．共回転と言います．共回転の速さは回転の半径に比例してどんどん増えます．共回転の速さ V を式で表すとこうなります．

$$V = \frac{2\pi R}{P} = R\Omega \tag{10.2}$$

　この計算では一周の長さ $2\pi R$（R は回転半径）を一周の時間 P（P は自転周期）で割っています．これで速さになりますね．式の最後にでてくる Ω は

10.2 宇宙発電所の巧妙さ

「角速度」と呼ばれる量で $\Omega = 2\pi/P$ で定義されています．角速度は1秒間に何回まわるかという意味をもった量です．とにかく，原理的には回転半径を大きくすればするほど速くなります．半径をのばしていくと，ついに光の早さ（秒速30万km）に達します．相対性理論によれば，光速以上の早さで運動することはないので，これが限界です．カニパルサーでは中性子星から約2000kmのところです．この半径は「光のスピードの半径」，略して，「光半径」と呼ばれます．念のため光半径を与える式を書いておきます．

$$光半径\ R_L = \frac{c}{\Omega} = 4.7 \times 10^4\, P\ \text{km} \qquad (10.2)$$

P に秒単位でパルサーの周期を入れれば光半径が求められます．

中性子星のまわりのプラズマ（電荷をもった粒子からなる気体）は回転の誘導作用で中性子星と一緒に回転しようとします．中性子星から離れ，光半径に向かって回転スピードが上がっていきます．

ここで第一のポイントは，回転スピードが光の速さに近づいてくると，放射された光は回転方向のビームになっていくこと，です．これは，相対性理論によって導かれる効果です．光の速さに近い速さで動く物体から光が出るとき，その物体に乗った人から見て四方八方どの方向も同等に放射しても，外から見れば運動方向にビームした光になってしまいます．つまり，普通の電球の光でも，電球が光の速度に近い速度で運動すると，電球から出てくる光は電球の進行方向を向いたビームになるのです．光行差とか相対論的ビーム効果などと呼ばれます．

第二のポイントは，回転を止めようとする力はたとえ小さくても力の働く位置が回転の軸から離れれば離れるほどその効果が大きくなること，です．力そのものでなくて力のモーメント（トルク）が重要なのです．ネジを回すとき長いレンチを使えば締め付ける効果が高いのと同じです．

以上の2つの効果のおかげで，回転半径の大きいところでは放射される光は回転方向にビームするようになり，その反作用で共回転からずれるようになります．回転スピードが半径とともにどうなるかを示すと図10・3のようになります．

原点を通る直線が共回転の線で，光半径の手前で共回転からずれます．このよ

CHAPTER 10 宇宙の巨大発電所（成功）

うにして図10・4のように，磁石とともに回転する部分とそこからスリップする部分ができ，相対運動があるので，持続的に電力を取り出すことができます．成功！

　上の話では放射するのは光ですが，粒子が放射されても構いません．ただし，電流として循環している電子が飛び出すとなると，中性子星がどんどんプラスに帯電してしまうので，これでは持続しません．プラスの電荷をもった粒子も飛び出てくるとよいのですが，これは複雑な話なので，もう少し後で考えましょう．

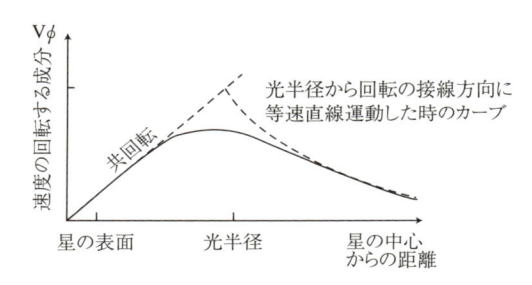

図10・3　中性子星のまわりのプラズマ（電離気体）の回転速度を中性子星の中心からの距離で表した図．光半径に達する前に共回転からずれていくと予想される．

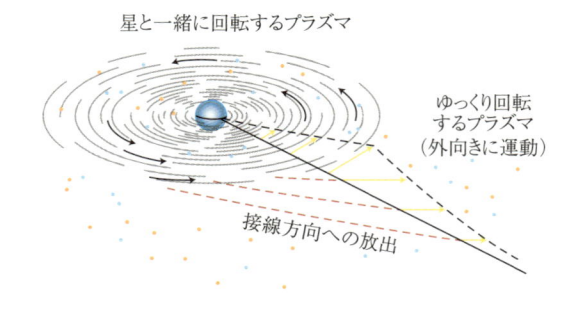

図10・4　中性子星のまわりのプラズマ（電離気体）は中性子星の近くでは共回転するが，光半径を境にして回転がなくなっていく．そのかわりに，光子や高エネルギーの粒子が回転の接線方向に出ている．

10.2 宇宙発電所の巧妙さ

長い話でしたが，まとめましょう．

1. パルサーは宇宙の発電所

    「宇宙の灯台」パルサーは回転する強力な磁石です．これは宇宙に天然にできた巨大な発電機です．この電力を利用して光や粒子を放射することができます．

2. 回転の誘導が起こる

    誘導作用のために，パルサーのまわりのプラズマ（電離した気体）はパルサーと一緒に回転しようとします．共回転と言います．しかし，パルサーのまわりが共回転する部分からは，電力を取り出すことができません．

3. 共回転をやめさせる仕組みがあって成功！

    共回転の速度が光の速さになるところの近くでは，光や粒子の放射を回転運動方向にビームさせ，放射の反作用で回転運動を抑え，その結果として持続的に電力を取り出すことができます．

パルサーと共回転する部分が発電しているところ．そのまわりに回転が遅れる部分があり，両者の相対運動のおかげで電力が持続的に取り出せることを示したのが図10・4です．

CHAPTER 11
ガンマ線のパルス

11.1 暗黒の時代からの脱却

「暗黒の時代」．1980年代に私がもった印象です．わからん，わからん，困ったものだ，そんな声が聞こえてきそうな論文ばかりがそのころ発表されていたように思います．この暗い状況を打破したのが，ガンマ線やX線といったエネルギーの高い電磁波を用いた観測の進歩です．これは，1980年頃から始まって，1990年代に理論とかみあい始め，現在では，ガンマ線・X線での観測が重要なデータを豊富に提供するようになりました．

どのように回転のエネルギーが放射のエネルギーに変換されていくのか？多くの理論的研究が行われてきました．強い電波パルスの裏には1兆ボルト以上の電圧で加速された粒子が隠されている，という理論が検討されていました．そのような高エネルギー現象が直接的に観測される時代がやってきたのです．

パルサーが出すエネルギーのうち，電波パルスとして出されるエネルギーは100万分の1といったごくわずかなものです．電波でいくら調べてもパルサーの本体の仕組みの解明は難しく，かゆいところに手が届かない状態です．一方で，ガンマ線やX線で放射されるエネルギーは，回転エネルギーの放射の数%，時には10%を超えます（表11・1）．また，パルサーがもつ起電力を用いて粒子が加速されれば，出てくる放射はガンマ線です．2次的に作られる粒子からはX線が出てきます．ガンマ線やX線での観測こそ，パルサーで起こっている高エネルギー現象にメスを入れる方法です．

ガンマ線やX線は地上に達する前に大気によって吸収されてしまいます．そこで，ガンマ線望遠鏡やX線望遠鏡はロケットによって人工衛星として打ち上げなくてはなりません．人工衛星として打ち上げられた望遠鏡にはどうしても寿命があります．何年かおきに，より感度が高く大きな望遠鏡が打ち上げられ

CHAPTER 11 ガンマ線のパルス

ています．私たちの研究室でも1994年からX線による観測に参加するようになりました．

表11・1 パルス放射の割合

パルサー名 (単位)	パルス周期 (秒)	磁場強度 (表面) (兆ガウス)	回転エネルギー 放出率 (エルグ／秒)[a]	パルス放射 の割合
カニパルサー	0.0334	3.8	4.5×10^{38}	0.008
ベラパルサー	0.0893	3.4	7.0×10^{36}	0.015
PSR1706-44	0.102	3.1	3.4×10^{36}	0.018
PSR1509-58	0.150	15.3	1.8×10^{36}	0.42
PSR1055-52	0.19	1.1	3.0×10^{34}	0.30
ゲミンガ	0.237	1.6	3.4×10^{34}	0.089

(a) 10^7エルグ／4秒 = 1ワット

図11・1は，日本のX線天文衛星「あすか」によってとらえたカニパルサーのパルス波形です．横軸が時間でちょうど2周期分示してあります．1周期は約33ミリ秒です．縦軸はX線の強さです．X線は，光子として，ポツン，ポツンとひとつひとつ数えられるように検出されます．そのため強度はX線の光子の個数として表現されています．

図を見ると，常に約3500個の光子がカウントされています．これは，時間

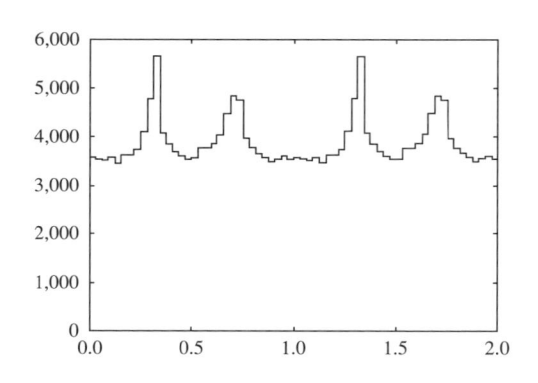

図11・1 日本のX線天文衛星ASCAで観測されたカニパルサーからのX線パルス．

的に一定な放射で，パルサーのまわりのカニ星雲からのX線です．パルスがきたときはX線光子のカウントが5500個くらいに跳ね上がっています．1周期に2回カウントの増大があることがわかります．つまり，1周期に2つのパルスがやってきていて，このパターンが延々と繰り返します．

11.2　ガンマ線で見た空

　1975年にCOS‐Bというガンマ線望遠鏡が人工衛星として地球を回る軌道上に打ち上げられました．その成功を受けて，次に，1991年にスペースシャトルによってコンプトンガンマ線天文台と呼ばれる一群のガンマ線検出器が打ち上げられ，2000年まで活躍を続けました（図11・3）．ここに積まれた観測器がパルサー研究に大きな成果をもたらします．正確には，パルサー研究のみならず，高エネルギーの天体現象の理解に多大な成果をもたらしました．図11・2は，コンプトンガンマ線天文台に積み込まれ

図11・2　ガンマ線望遠鏡「イグレット」（EGRET）．

図11・3　コンプトンガンマ線天文台（CGRO）．

CHAPTER 11 ガンマ線のパルス

たイグレット（EGRET）というガンマ線望遠鏡です．イグレットの観測から得られた全天空のガンマ線写真が図11・4です．世界地図のように中央の水平線が赤道，上と下の端が北極と南極になっています．銀河座標で書かれているので，中央の水平線が銀河赤道つまり天の川の中心線です．中央がいて座になり，左端がペルセウス座あたり，右端が双子座とオリオン座の境界あたりになります．北極はかみのけ座の北，南極がちょうこくしつ座（くじら座の南）付近になります．左下やや中央よりに大小のマゼラン銀河があるはずです．ガンマ線を見ることができる目で空を眺めたらこのように見えるというわけです．

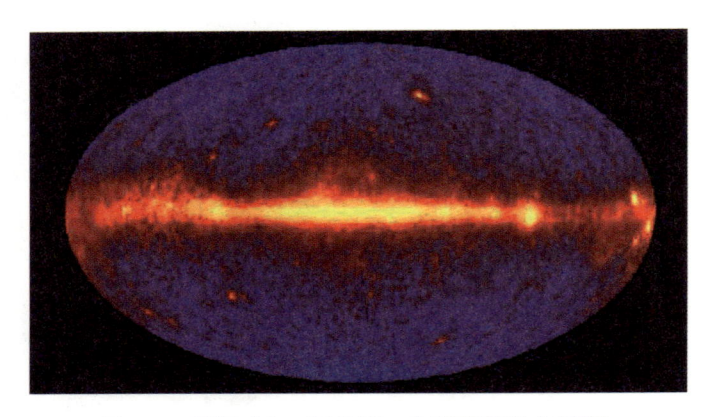

図11・4　宇宙からやってくるガンマ線の強度を示した全天図．

　ガンマ線でもやはり天の川はボ〜ッと輝いて見えます．かなり明るいですね．これは，私たちの銀河の中にあまねく存在する高エネルギーの粒子（これを「宇宙線」と呼びます）が引き起こした光です．宇宙線は天の川に沿って存在する濃いガス（特に，星間分子雲と呼ばれるもの）にぶつかり，これがπ中間子を作ります．このπ中間子が崩壊してガンマ線になります．つまり，天の川の濃いガスが宇宙線を浴びてガンマ線で光るものです．この光を見れば天の川の濃いガスの分布を研究できますし，逆に，電波望遠鏡などを用いて濃いガスの分布を調べて，図11・4のガンマ線の地図と比べると私たちの銀河内の宇宙線の分布を研究することもできます．

　天の川に沿ってボ〜ッと光るガンマ線に対し，ガンマ線望遠鏡の分解能が充

11.2 ガンマ線で見た空

分とはいえないのではっきりしませんが，ガンマ線星といえるような一点から強いガンマ線が出ているらしい，そんな天体がいくつか見つかりました．そのようなガンマ線点源はこれまでにおよそ300個知られています．図11・5はそのようなガンマ線星を思われる天体の位置を示しています．ここでも銀河座標が使われていますので，赤道にあたる水平線は天の川の中心線です．

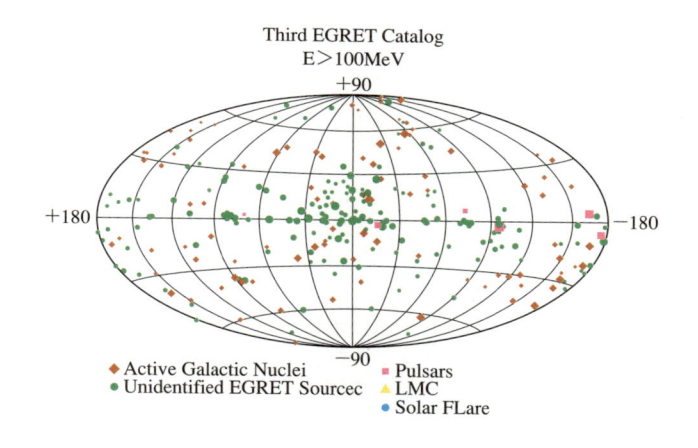

Third EGRET Catalog
E＞100MeV

◆ Active Galactic Nuclei
● Unidentified EGRET Sourcec
■ Pulsars
▲ LMC
● Solar FLare

図11・5　EGRETによって見つかったガンマ線点源の分布図．

最初の見通しをつけるために，これらガンマ線源を2つに分けましょう．1つは天の川の中にあるもので，もう1つは天の川から離れて見えるものです．やや大雑把な考え方ですが，天の川の中に見えるものは多くは私たちの銀河の円盤の中にある天体でしょう．また，天の川から大きく離れたものは，私たちの銀河には属さないもの，おそらくは他の銀河がガンマ線で光っているものでしょう．実際，天の川から離れたガンマ線源のいくつかは，電波や可視光などの研究で知られている「活動銀河核」と呼ばれる天体の位置と一致しました．活動銀河核というのは銀河の中でもその中心部分が非常に明るく，つまり巨大なエネルギーを出しているもので，そしてそれらは時間的にも激しく変動します．活動銀河核には巨大なブラックホールがあり，まわりの物質を飲み込みながら同時に一部のエネルギーを吐き出している天体だと思われています．

一方，天の川に沿って存在するガンマ線源の明るい2つは，カニパルサーと

CHAPTER 11 ガンマ線のパルス

ベラパルサーであることがすぐわかりました．ガンマ線でも電波と同じ周期でパルスしています．つまり，ガンマ線でも，カニパルサーは33ミリ秒周期で，ベラパルサーは89ミリ秒周期で，点滅しています．パルサーはガンマ線でも「ビーム」を出していることがわかりました．

図11・6はガンマ線でのパルス波形です．今度は横軸に一周期が示されています．一周期に2つの山があり，X線のパルスと似ています．

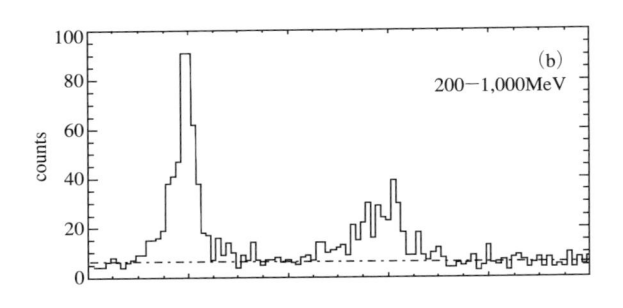

図11・6 カニパルサーのガンマ線でのパルス波形．

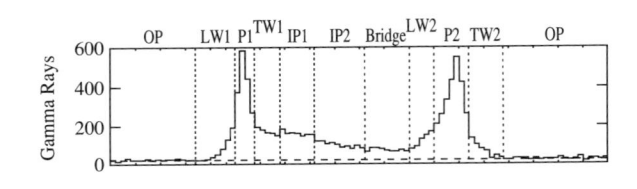

図11・7 ベラパルサーのガンマ線でのパルス波形．

次に，ベラパルサーのガンマ線パルスを図11・7に示します．再び，2つ山のパルスです．両者はたいへんよく似ていますね．1万光年離れた各々のパルサーで「同じ現象が生じているのだな」，と変に安心感がわいてきます．

2つ山ということは2本のビームがパルサーから出ているのでしょうか？そういえば灯台も2本のビームが回っていますね．しかし，ビームがどうなっているかは，図11・8のように，色々な可能性があって断定はできません．

1.3 UGO — 未確認ガンマ線天体 —

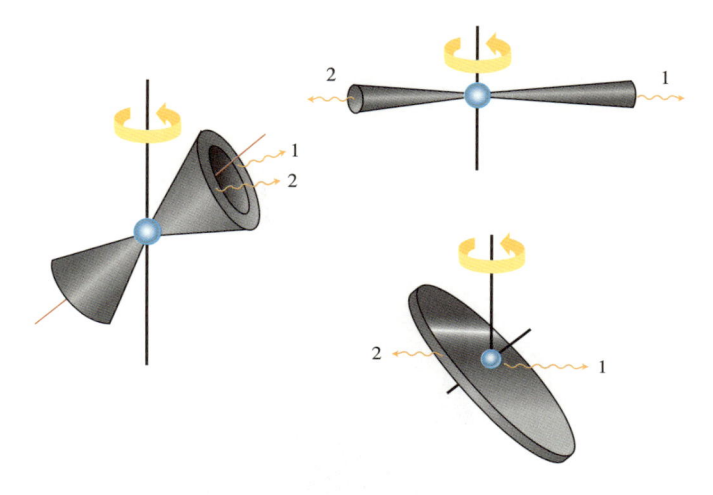

図11・8 2つ山を作るようなビームの形はいろいろ考えられる.

11.3 UGO — 未確認ガンマ線天体 —

　ガンマ線点源が見つかりだすと，その中でもひときわ明るい双子座にあるガンマ線源が注目されます．図11・4では右端に明るく見えるものです．その位置に対応する電波パルサーはありませんでした．可視光の望遠鏡でもなかなか正体がわかりません．UFO（未確認飛行物体）をもじって，未確認ガンマ線天体ということでUGO (unidentified gamma-ray source) と言われたものです．この天体は，双子座（Gemini）にあるガンマ線源ということでゲミンガ（Geminaga）という愛称で呼ばれています．ゲミンガはガンマ線のみを強く出す新種の天体でしょうか？

　この問題の突破口を開いたのは，ガンマ線でなくてX線望遠鏡です．X線望遠鏡でゲミンガを観測し，パルスしていないかが調べられました．その結果，見事にパルス周期が見つかりました．いったん周期がわかってしまうと，再解析し，ガンマ線のパルスの波形が描けます．その結果，図11・9のようにガンマ線でもパルスが見えました．しかも，その形はカニパルサーのパルスの形にそっくりではありませんか！後に，パルス周期の伸びも観測されスピンダウンしていることも確認されました．ゲミンガもまたパルサーだったのです．

CHAPTER 11 ガンマ線のパルス

天の川にそって存在するたくさんのガンマ線源はほとんどパルサーであると多くの人が予想しています．

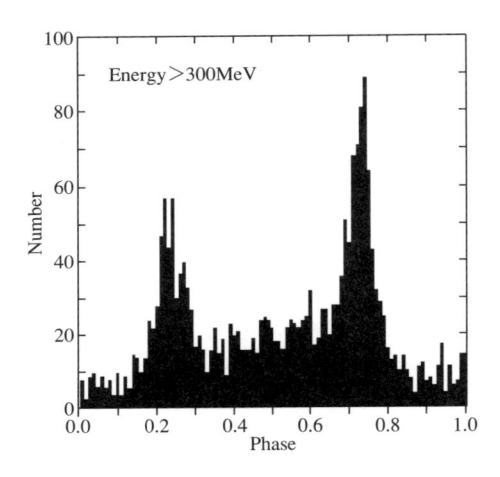

図11・9 ゲミンガのガンマ線パルス波形．

ゲミンガがパルサーであることはガンマ線でなく，あとから観測したX線でわかりました．これは何故でしょう．これは光子の数が原因しています．地球に降り注ぐエネルギー量としてはガンマ線の方が大きいのですが，光子ひと粒のエネルギーが小さいX線の方が光子の数でいうとたくさんとらえられるのです．たくさんのX線光子を時間順に並べて周期性を調べる方が，数少ないガンマ線で周期を見つけるよりずっと有利だったというわけです．

11.4 ガンマ線パルサー

これまでに，ガンマ線でパルスしていることがはっきりしているパルサーは7個です．観測は進歩したといってもやはりガンマ線の検出はたいへんですから，数はまだ少ないといえます．先に述べた，カニパルサー，ベラパルサー，ゲミンガパルサーに他の4つのパルサーを加えてパルスの波形を比較したのが図11・10です．一番下のヒストグラムがガンマ線のパルス波形です．1周期分描いています．比較のためにガンマ線だけでなく，上の段から，電波，可視光，

11.4 ガンマ線パルサー

X線で観測されたパルスが示されています.つまり,色々なエネルギーの電磁波(光子)で観測した結果です.表示がないのは,パルスしていないあるいはしていてもとても弱くて観測できないということです.

まず,最下段のガンマ線のパルス波形を見ます.右端のPSR1055-52はガンマ線光子が少ないので貧弱なヒストグラムです.このパルサーはカニパルサーに比べるとずっと歳取っていて20〜30万歳くらいです.周期もだいぶ遅くなっていて,回転パワーが小さくて,暗くなってしまっています.それでも2つ山の傾向が見えます.しかし,みんな似た2つ山ではなく,1つ山と言った方がよいものもあります.パルスの波形はパルサーによって同じではなさそうです.

もっとおもしろいのは,γ線とX線,電波では波形が大幅に違うし,しかも同じタイミングでくるのでないということです.カニパルサーは例外的に,どのエネルギーでも似た波形で同じタイミングでパルスがやってきます.ベラパルサーでは,ガンマ線,可視光,X線でいずれも2つ山ですが,山の間隔は違っています.山の位置も違います.さらに驚いたことに,電波は1つ山で,しかも電波パルスのきたときにはガンマ線もX線も可視光線もきていません.電波のビームが向いている方向とガンマ線のビームの向いている方向とは別なの

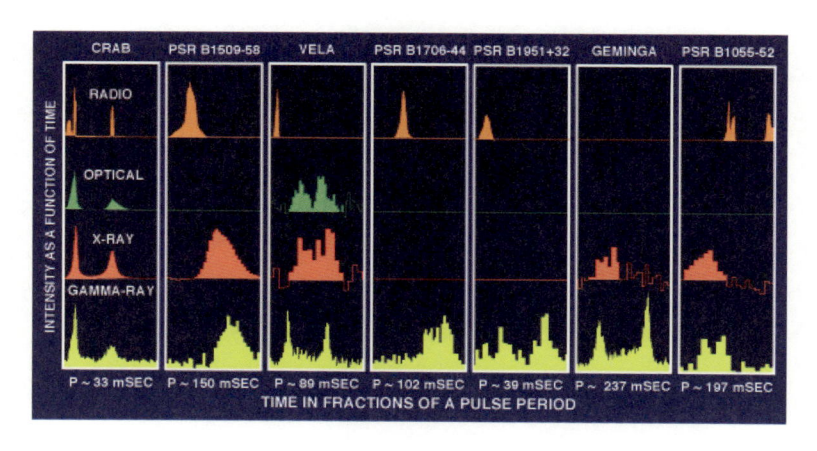

図11・10 γ線パルサーのパルス波形リスト.

CHAPTER 11　ガンマ線のパルス

でしょう．可視光もX線も別の方向を向いているでしょう．電波からガンマ線を広い意味で虹色と言うならば，パルサーは虹色のビームをまき散らかしていると言えます．

　1つのパルサーが虹色にビームをまき散らかしているならば，そして，もし，いろんな方向から観測することができたなら，色々なパルス波形やパルスのくるタイミングのずれが観測されるでしょう．したがって，この微妙なパルスの波形の違いや，パルスのやってくるタイミングの違いは立体的な放射源の構造を解明するヒントを与えてくれているのです．

　観測データがないのはどう考えたらよいでしょう．例えば，ゲミンガからは電波パルスが確認できません．電波パルスがあっちの方向を向いて回転していて，ちょうど地球方向にビームが向かないと考えるのが自然でしょう．もしそうだとすれば，そして，もし，パルサーの自転軸がランダムに向いているのなら，このことから電波ビームの太さを推定することが可能です．しかし，本当に電波が出ていないのかもしれません．

　とはいってもやはり少なすぎないか？それはそうです．7例では．しかも，回転パワーが大きく近くにある電波パルサーでも，つまり，強いガンマ線が期待できるパルサーでもガンマ線が観測できていないものも結構あります．グラスト（GLAST）と呼ばれる高感度のガンマ線望遠鏡がもうすぐできて観測が始まります．パルサーの研究はそのとき急激に発展するでしょう．

CHAPTER 12
パルサーからのスペクトルと年収

12.1 世の中のお金はどのように分配されているか

　ちょっと妙なテーマですが，「世の中のお金がどう配分されるか」は誰しも気になるところです．私の研究テーマは「宇宙の中のエネルギーがどう配分されるか？」です．ちょっと，この2つの問題は似ていませんか？お金のところをエネルギーに変えれば同じです．私はこのごろ，宇宙のエネルギー配分の仕組みを解明すれば，この世のお金の配分の仕組みも理解できるに違いない！と思い始めているのです．この仕組みが解明できても私が必ずしもお金持ちになれるわけではありません．例えば，人をたくさん笑わせれば，お金持ちになれることがわかったとしても，私はたくさんの人を笑わせることはできません！（ほら，笑ってないでしょ！）だからお金持ちにはなれません．

　もうすこし真面目に検討しましょう．この世のお金の配分の様子を見るために，年収がいくらの人が何人いるかというデータを調べました．これは，国税庁のホームページを開けば誰でも知ることができるデータです．その結果をグラフにしたのが図12・1です．グラフでは，年収を細かくいくつかの階層に分けて，各階層の人数を棒グラフで表しています．横軸が年収で，縦軸は100万人単位の人数です．このグラフは何を私たちに語りかけているのでしょう？

　このグラフで注意したいのはグラフの目盛です．これは普通の目盛でなく「対数目盛」と呼ばれるものです．等間隔でないので注意しましょう（もう1つ注意していただきたいことがあります．このグラフを見るときはあくまで科学的な目で見てくださいね．ゆめ，現実世界の年収のことを考えて自分はどの辺に位置するかなんて考えたりしないでください！科学的に，科学的に）．

　このグラフを私なりに分析した結果も図に示しました．まず，1つの山があります．これには，ガウス分布という理論的な曲線を重ねて描きました．理論

CHAPTER 12　パルサーからのスペクトルと年収

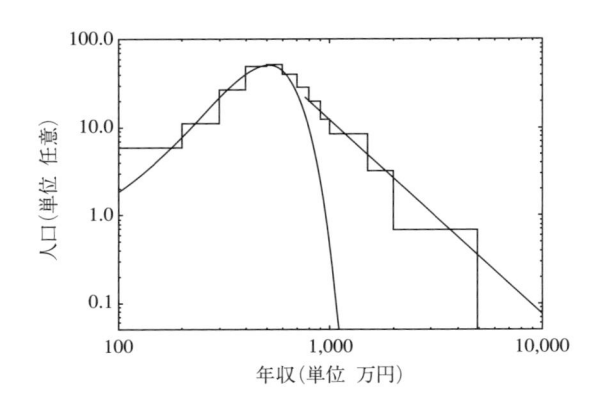

図12・1　年収の分布（国税庁のホームページより）．

　曲線と実際の分布はだいたいあっていますね．これがいわゆるサラリーマンの分布とでもいうのでしょうか．これに対し，いわゆる高額所得者の分布があります．マスコミをにぎわせるスポーツ選手やタレントさん，また，大企業の経営者がこの中に入るのでしょう．ここでおもしろいことは，高額所得者の分布はもう1つの別の山を作るのでなく，図12・1でわかるように直線になります．対数グラフで直線ということは，「ベキ型」の分布と言われるものです．

　式の方がわかりやすいという方のために式を使って表すと，年収を E として，

$$（人数）\propto e^{-(E-E_0)^2/\sigma^2} \quad \text{ガウス分布} \tag{12.1}$$

$$（人数）\propto E^{-\alpha} \quad \text{ベキ分布} \tag{12.2}$$

のようになります．ここで，E_0，σ，α などは定数です．式はともかく，中間の所得者まではガウス分布がよくあっていて，高額所得者はベキ分布がよくあっているようです．これって何か意味があるのでしょうか？

　ガウス型の分布は正規分布とも呼ばれます．ある平均値があって，そのまわりにある広がりをもって分布します．そして重要なことは，その広がりを越えて平均よりずば抜けて大きな値や小さな値には分布しない，ということです．ガウス分布では平均所得の2倍といった高額所得の人はほとんど存在しません．ガウス分布では，極端な貧乏人や金持ちは存在しません．図12・2の曲線のグラフを見てください．これがガウス分布の特徴です．

12.2 熱的分布と非熱的分布

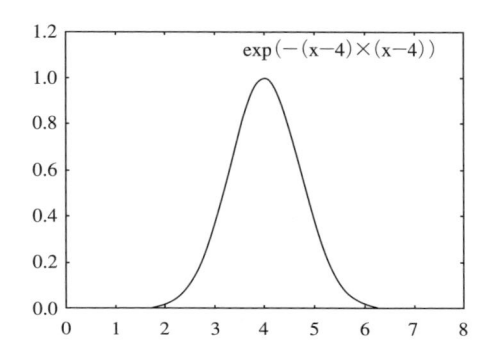

$$\exp(-(x-4)\times(x-4))$$

図12・2 ガウス分布．今度は対数目盛ではなく，普通の（線形）目盛りです．平均からの広がり（分散σ）が定まっていて，平均からのσの2倍，3倍もある人はほとんどいません．

　一方，ベキ型分布には山はありません．高額所得者に平均的な年収というのを考えてもあまり意味がありません．高額になるにしたがって人数はどんどん減っていきますが，いつまでたってもダラダラとグラフが続きます．人数は少なくなりますが，何千万，何億，何十億という所得の人もいるわけです．

12.2　熱的分布と非熱的分布

　ガウス分布は極端に金持ちや貧乏人はいない分布です．このような分布は例えば空気の分子の速度分布にも現れます（分子運動の速度分布はマクスウエル分布と呼ばれますがガウス分布と同じものです）．空気中の分子の運動の速さは平均的には音速（340 m/s）くらいです．大多数はおよそこの平均速度で運動しています．この2倍，3倍といった極端に速い運動をしている分子はほとんど存在しません．速い運動をする分子が遅い分子にぶつかると，高速の分子から低速の分子にエネルギーが移って速さ（運動エネルギー）は均等化されます．このように十分にエネルギーを交換して平衡状態になった分布を熱的な分布と言います．

　お金の交換も同様に行われるのが自然と思いたいです．「水が高いところから低いところに流れるように，お金もあるところからない所に流れるのが自然！」と思いたいところです．お金持ちがご馳走してくれるといったときは，

決して遠慮せずご馳走になりましょう．すべてにわたってそのような考えでお金が流れれば，多少の運不運はあるでしょうがお金の分布はガウス分布になるでしょう．そこには極端な金持ちや貧乏人はいません．

しかし，実際の年収の分布では中間所得層まではそのように和気藹々の「熱的な分布」になっていますが，高額所得層では熱的な分布からのズレが発生します．なぜか特別にお金をたくさんもっている人が現れるのです．この高額所得者にあたる部分を「非熱的」分布と言います．中間所得のいわゆるサラリーマンは熱的成分，高額所得者は非熱的成分ということになります．

12.3 熱的放射と非熱的放射

宇宙からくる電磁波（光）についても熱的，非熱的という考え方を適用します．

電磁波（光）はたくさんの「光子」という粒子が走っているとみなすことができます．走っている速さはもちろん光速です．しかし，光子の一粒一粒は違ったエネルギーをもっています．電磁波（光）はたくさんの光子の集まりだと思うと，分子の運動のときと同じように光子のエネルギー分布を考えることができます．横軸に光のエネルギー，縦軸に光子の数をとると図12・3のようなグラフが作れます．これはゲミンガというパルサーからやってくる電磁波（ここではX線）についてグラフを作りました．このような電磁波（光）についてのグラフ（エネルギー分布のグラフ）をスペクトルと言います．年収のグラフのときと同じように分析できます．2つの破線のグラフは理論で実線はその合計，十字で書いてあるのが観測データです．

この図，年収の分布図とすごく似ているでしょう．まず，1つの山があって，次に，高エネルギーの分布が「ベキ型」分布，つまり，直線になっています．私はこのような天体のスペクトルに見なれています．こういうスペクトルを示す天体はいっぱいあるからです．このようなスペクトルができる仕組みを研究するのが私の仕事です．そして，あるとき，考えたのです．年収を決める仕組みもスペクトルを決める仕組みも同じかもしれない．そして年収の分布も似ているかもしれない．実は，そう予測して国税庁のホームページを調べ，年収のグラフを作ったのでした．だから，年収の分布のグラフを描いたとき，思わず

12.3 熱的放射と非熱的放射

「おっ」と声が出そうでした．あまりにも似ている．年収のグラフを作ったときの驚きはなんとも言いようがありません（高額所得者のできる理屈がわかってしまったからです！）．

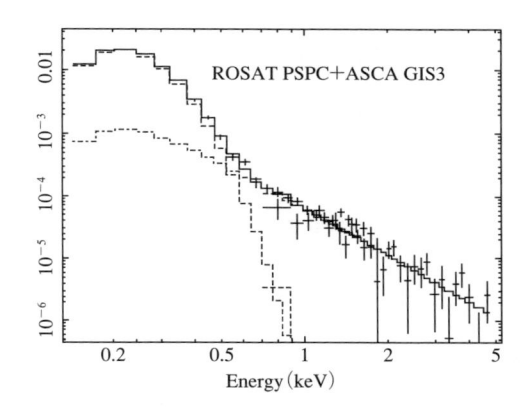

図12・3 ゲミンガという愛称をもったパルサーのX線のスペクトル．
(Halpern, J.P. and Wang, F.Y.-H., 1997, "A Broadband X-Ray Study of the Geminga Pulsar", ApJ, 477, 905-915 より)．

　エネルギー分布がガウス分布のような熱的分布をしている気体があるとします．その気体の分子や原子はお互いにぶつかりあって光を発します．これらの原子や分子の出す電磁波のスペクトルはどうなるでしょう．熱的な分布には1つの山があって，それは原子や分子の平均的な運動エネルギーに対応します．その平均的なエネルギーで出すことのできる光のエネルギーもおのずから決まってきます．極端に高いエネルギーの粒子はいませんから，極端に高いエネルギーの光子も出てきません．つまり，出てくる光のスペクトルは1つ山で，高エネルギーで指数関数的に光子の数が減っていきます．このような性質をもったスペクトルをもてば，それは熱的放射と呼ばれます．ゲミンガのスペクトルで1つの山があるのは熱的放射が出ているからです．

　原子や分子が衝突して光を出したり，光が原子や分子に吸収されてエネルギーをもらったり，といったエネルギーの交換がさかんに起こると，ある平衡状態に達します．このときの光子のスペクトルは黒体放射と呼ばれるスペクトルになります．図12・3の山型のスペクトルはまさに黒体放射になっています．

1つ山の曲線はガウス分布でなくて黒体放射の理論曲線です．光を出す原子の温度が百万度であれば，0.2キロ電子ボルトのところで光子の分布はピークになります．図は，ゲミンガパルサーの表面（中性子星の表面）付近がそのような高温状態であることを示しています．

ゲミンガのスペクトルは熱的な放射以外に，高額所得者なならぬ高エネルギー放射があり，それはグラフで直線，つまり，ベキ型分布をしています．この放射は高温の中性子星表面からの放射とは考えられません．これは非熱的な粒子の存在を意味しています．パルサーでは高いエネルギーをもった粒子が作られている証拠がこのベキ型スペクトルです．この高額所得者に対応する高エネルギー粒子がなぜできるのか？これが私たちの研究課題です．

12.4 X線・ガンマ線の世界

宇宙には高温の気体も存在しますが，それでもそのような高温の粒子が出す熱的放射はせいぜい可視光線・紫外線・X線です．X線でも硬X線と呼ばれるエネルギーの高いX線や，X線よりもエネルギーの高いガンマ線の放射はほとんどすべて非熱的な粒子たちからやってくるものです．したがって，X線望遠鏡やガンマ線望遠鏡で宇宙を観察すると非熱的な粒子を観察することができます．つまり，非熱的な粒子を調べたければ宇宙からのX線やガンマ線を観察すればよいのです．

ここ10年，そして，現在も，X線やガンマ線の望遠鏡が急速に進歩しています．したがって，宇宙における非熱的粒子の研究はおおいに今後発展する分野です．

「宇宙の灯台」パルサーは電波で発見され，始めのうちは主に電波望遠鏡を用いて研究がなされていました．パルサーは，中性子星の自転のエネルギーを放出していますが，そのエネルギーのほとんどは高エネルギーの非熱的粒子に注入されています．だから，電波でパルサーを研究しているだけではなかなか本当のパルサーの姿がわかってきません．パルサーが発見されてしばらくはおおいに研究は進んだのですが，その後，スランプのような時期になります．もう何も新しいことが発見されそうにない．研究者の数も減り，新しい発見も難しくなり，パルサーの根本的仕組みの解決はほとんど絶望的でないだろうか？

12.4 X線・ガンマ線の世界

　私が大学院にいた頃はそんな時期でした．行き詰まったような暗い雰囲気が伝わってくる論文をたくさん目にしました．誰にも解けそうでないパルサーの問題がある，と聞くと挑戦したくなるのが私の性格です．

　しかし，その直後，状況が変わります．X線やガンマ線望遠鏡の性能が向上し，パルサーからのX線やガンマ線の観測例が増えてきました．すると，パルサーのエネルギーを運んでいる非熱的な粒子群の様子がわかってきます．X線やガンマ線望遠鏡の進歩はいまも続いてぞくぞくと大型の望遠鏡が登場しています．宇宙の高エネルギー粒子，そして，パルサーの高エネルギー粒子の解明が急速に進んでいるのが現在の状況です．次の10年がとても楽しみです．

CHAPTER 13
どうしてビームになるの？

13.1 どうしてビーム

　光をビームにしなければなりません．パルサーからの電波や可視光・X線・ガンマ線などがパルスして見えるのはこれらの放射がビーム状に出ているからです．太陽のように四方八方にまんべんなく光を出しているものが自転してもパルサーになりません．

　しかも，電波パルスでは，一周360°のうちパルスがくるのはだいたい5°から20°くらいに相当する狭い区間です．例えば，周期が3.6秒のパルサーがあるとして，電波が受信できるのは0.05秒から0.2秒というわずかの時間で，後の時間は電波がきません．かなり細くビームを絞らなくてはこのような狭いパルスにはなりません．

　あなたのまわりを見渡して光るものを探してください．そして，それを回転させたとしてパルサーほど鋭いパルスを出しそうなものはあるでしょうか？

　昔ながらの電球も蛍光灯もどれも四方八方に光を出すものです．傘や覆いを使うのを反則としましょう．なぜなら，パルサー本体は中性子星で丸い天体です；そして，図13・1にあるような傘や覆いのようなものや，井戸のようなものが，天然の中性子星表面にできるはずがないからです．傘や覆いを使わないことにすると，身のまわりの発光するものを回転させてパルスになるものはないといってよいでしょう．電球をくるくる回しても，蛍光灯をくるくる回してもパルサーにはなりません．懐中電灯みたいなものをくるくる回せばよいと安易に思っていたかもしれませんが，「天然に」ビーム状の光を作るというのは簡単ではないことに気づきましたか？

CHAPTER 13 どうしてビームになるの？

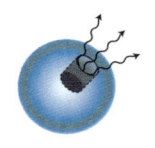

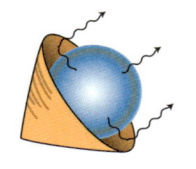

穴のあいた中性子星？　　笠をかぶった中性子星？　　筒を持った中性子星？

どれもあり得ない〜！

図13・1　光をビーム状に出すにはどうすればよいか？笠のようなものを中性子星がかぶっていたり，深い穴があってその奥から光がでていたりというのは天然の星としては考えにくい．

13.2　夢の放射光実験装置

　人間が作ったもので，ビーム状の光を出すものがあります．ここでは，「夢の放射光」というキャッチコピーで建設されたUVSORという実験装置を紹介しましょう．それは，岡崎市にある分子科学研究所にあります．陸上競技のグランドのようなコース（リング）に電子を入れて，すごい速さで電子をぐるぐる回らせる装置です．電子は，750メガ電子ボルトまで加速されコースを走っています．装置の全体像は図13・2のようですが，電子の運動のコースを示した図13・3の方がわかりやすいでしょう．

　直線コースを走っているときは何も起こりません．コーナーには磁石が置いてあり，磁場によって電子はコーナーを曲がります（磁気の妖精が横に引っ張るのでしたね）．このとき円運動の接線方向にビーム状に放射が出ます．この装置では紫外線が出ます．紫外線光子のエネルギーは可視光線光子のエネルギーより大きくX線光子のエネルギーより小さい中間的値です．この光を使って物質の性質を調べるのがこの装置の目的です．私たちの興味はこの放射がビームであることです．

　ついでながら，この光は直線偏光しています．直線偏光というのは，電場と磁場の波である光の電場や磁場の向きが定まっているということです．ここで

13.2 夢の放射光実験装置

図 13・2　UVSOR の全体像.

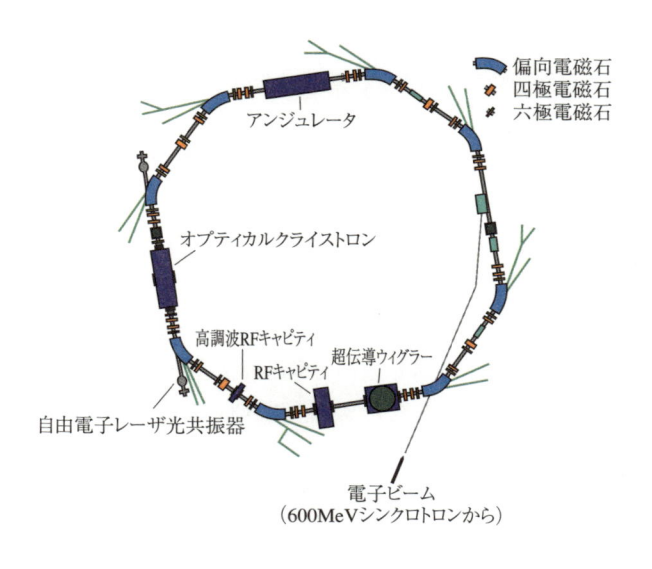

図 13・3　電子の運動するコース（リング）.

は電子の加速度の向きに電場が定まっています．磁場はそれと垂直です．電気の妖精の舞い方が，例えば，上下・上下のように決まった方向に運動しながら舞っているというイメージです．電球や蛍光灯・太陽からの光などは乱舞状態で，電場と磁場の方向はでたらめに変動します．

13.3 ビームを作る3つのポイント

UVSORから光のビームを作るポイントを学びましょう．

まず第一のポイントは，電子のような電荷をもった粒子を加速することです．加速するためには電場を使います．電気の妖精が電子をグイグイと押して加速します．UVSORでは，電子のエネルギーは750メガ電子ボルトです．電子のスピードは光の速さに迫っていて，光速からの遅れはわずか0.34％です．電子は重くなり普段の約1500倍になっています．

第二のポイントは荷電粒子の経路が曲がったときに生じる電磁波の放射です．制動放射と呼びます．

加速場所から出てきた電子は，直線コースでは慣性の法則にしたがって，等速直線運動します．ここでは何も起こりません．電子は次に実験装置の磁石のあるところに入ってきて磁気力によって運動方向が曲がります．磁気の妖精が進行方向に直角に引っ張るためです．電気の妖精はアクセル，磁気の妖精はハンドルの役割でしたね．

マクスウエルの電磁気の理論によれば，このとき電磁波が電子から放出されます．妖精の比喩を拡大して適用するとこんな感じです．電荷をもった粒子にまわりには電場があります．比喩で言うと，電荷はそれ自身，電気の妖精を従えているということです．粒子が急ハンドルをきったとき，その急激な変化が電気の妖精に伝わり動きます，それが磁気の妖精を誘導し，それがまた電気の妖精を誘導し……と誘導が誘導を生んで電磁波が放出されることになります．結果的に，粒子がまとっていた電気の妖精の一部がはがれて，舞い出るというわけです．

第三のポイントは電子から出てきた放射が電子の進行方向に集まるというビーム効果です．

図13・4の左側の図は，電磁波の放射される方向性を表しました．電気の妖精が舞い出る方向です．つまり，一番誘導作用が強く現れるのは加速度と垂直な方向です．この図は，ある一瞬間に電子と一緒に動いている観測者から見た電磁波の放射のパターンを描いたものです．放射に方向性があるといってもこの放射ではビームというにはほど遠いものです．

しかし，電子はものすごい速さで動いていています．この場合は，電子の進

13.3 ビームを作る3つのポイント

行方向に偏った放射が現れます．例えば，猛スピードで走るトラックの荷台から真上に向かって矢を射るとします．真上というのは荷台に乗った人が真上と思った方向です．しかし，道に立っている人から見た矢は前方斜め方向に出るように見えるでしょう．これと似たことが光でも起こって，光行差と呼ばれます．光の放射方向は正確には相対性理論を使って求められます．いずれにせよ光の方向は前方に傾いて図13・4の右の図のようにビーム状の光が現れます．

以上，「ビーム」を作るための3つのポイントは，
 　（1）粒子を加速すること，
 　（2）粒子を曲げて制動放射を出すこと，
 　（3）制動放射が前方に傾くこと（光行差）．
（2）（3）の過程でガンマ線を出すには（1）の段階で1兆ボルトくらいの電圧で加速しておく必要があります．

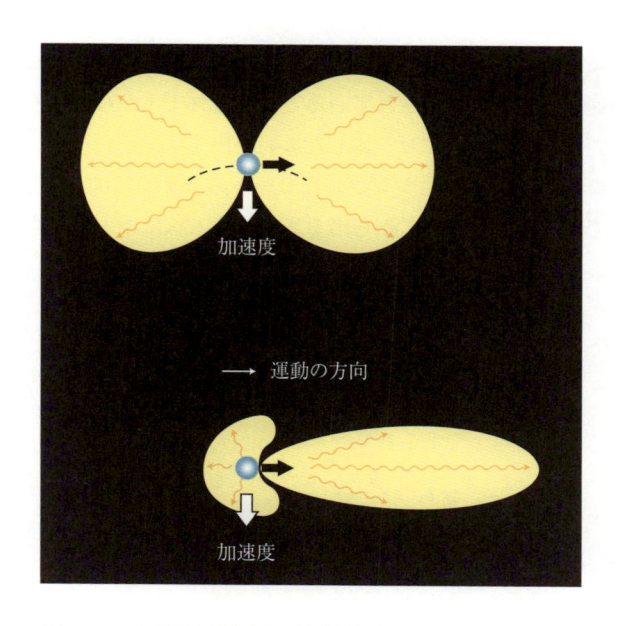

図13・4　加速度と垂直方向に電磁波が出る．しかし，粒子が前方に光の速さに近い速さで動いていると，光は前方にビームする．

13.4　パルサーからのビーム放射の機構

ビーム状の放射を出す見通しが立ちましたね.

加速については，中性子星は巨大な発電機になっていますから，その電圧を利用すればよいでしょう．磁力線に沿って電子は容易に動けますから，電子の運動のコースとして適当なのは磁力線でしょう．そこで，磁力線に沿って電場が発生して，電子が加速されたとしましょう．実際のところは，磁力線に沿った電場が発生するのは難しいことです．電子はさっと動いて電場をうち消すように振舞うのが普通ですから．でも，地球のオーロラでは，磁力線に沿った電場が発生していて，電子が加速されています．原因は後から考えることにして，ここではとにかく，磁力線に沿った電場がなんらかの原因で発生すると仮定しましょう．

磁場に沿って加速されたあと電子は磁力線に沿って進みますが，磁場は曲がっています．粒子は磁場に沿った運動をしようとする性質があるので，粒子の運動も磁場に沿って曲がっていきます．このとき，制動放射が出ます．そして，電子は光の速さ近くまで加速されていると考えられますから，電子の進行方向，つまり，磁力線の接線方向にビームした放射が出ます．

このような考察から，最もシンプルなビームのモデルは図13・5のように磁力線に沿って粒子が走り，そこから出る光がビーム状になったとする考えです．

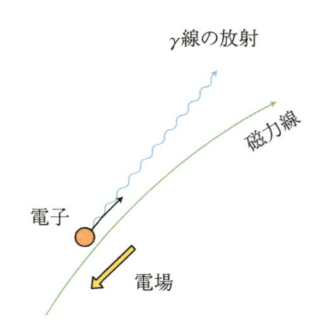

図13・5　磁力線に沿って電場加速が生じると仮定する．磁力線に沿って走る電子からビーム状の制動放射（曲率放射と呼ばれる）が出るというアイデア．

13.4 パルサーからのビーム放射の機構

そしてビームが磁石の自転にしたがって回転します．これなら，「宇宙の灯台」のイメージにぴったりでしょう！

　磁力線に沿って粒子を加速する電場はどこで発生するか？つまり，どこからビーム放射が出るか？そもそも，なぜ電場が発生するのか？まだ，謎は解けていません．ここでは，ジグゾーパズルの1つの部品ができたという感触が得られただけです．

　スタンフォード大学のロマーニは，次の章で出てくるアウターギャップと呼ばれるところに磁力線に沿った加速領域があると考え，そこからビーム状の放射があるとしたときのパルス波形を計算しています．加速電場があることの理由を問わずに仮定し，そこからの放射のスペクトルやビームの形を計算することは簡単です．結果の例を図13・6に示します．多くのガンマ線パルサーに特徴的な2つ山のパルスと，パルスとパルスの間に橋がかかったように見える弱い放射を見事に再現しています．アウターギャップが本当にあるらしいことの証拠と考えられます．

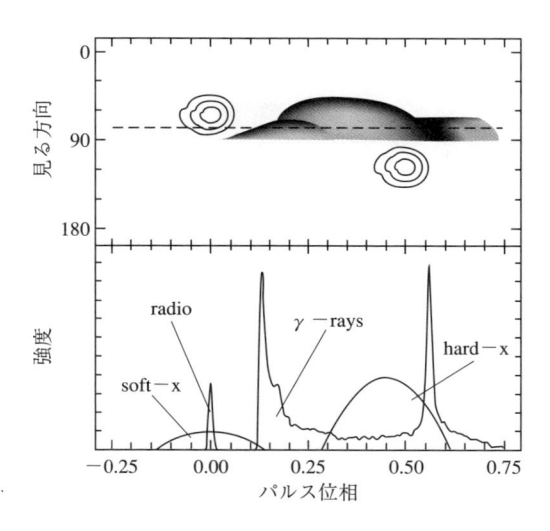

図13・6　アウターギャップに加速があったときに予想されるガンマ線パルスの形．(Romani R.W., Yadigaroglu, I.-A., 1995, ApJ, 438 314, Fig2 より)．

CHAPTER 14
電場加速の仕組み

14.1 難問

つい先週のこと，パルサー研究の大御所，米国はライス大学のマイケル教授から突然電子メールが飛び込んできました．

> 私はまったく混乱している．
> あなたは1989年に，私たちが提唱した「真空で囲まれた静的なパルサーモデル」が正しいことを別な方法で追確認できた，という論文を発表した．ところが，1991年に「プラズマで満たされた活動的なモデル」を発表し，その後もそれを発展させたモデルをたくさん発表している．しかし，それらの論文には1989年の「真空で囲まれた静的なパルサーモデル」について引用がない．この2つのまったく別の見方の関係が何も書かれていない．これが同じ著者の論文なのか？
> 2種類のモデルの関係を一体あなたはどう考えているのか？私は本当に混乱している．— 中略 — パルサー磁気圏をどんなものと考えてよいのかわからない．私は10月の国際会議で総括講演をすることになっているがどういった話をするか目度が立っていない．

みんな悩んでいるんだなと，変に安心したりして．完全に先を見通して研究を進めているわけでなく，ジグゾーパズルのようにわかりそうなところからあちらこちら手をつけて全体像が見えてこないか，模索するのが普通のやりかたですから，こういう風に問われても実際のところ答えようもないのが実状です．

といってもまったく見通しがないわけではありません．次の章で登場する電子と陽電子ペアが「静的な」パルサーを「活動的な」パルサーに変身させる，

というのが私のアイデアですが，そこまでまだ証明するには至っていません．このような見通しはあまり根拠があるわけでなく直観的なものですから，きちんと論述できるものではありません．論述できるものならとっくに論文を書いて発表しています．返事を読んだマイケル教授はいい加減なヤツだなと思っているに違いありません．アイデア，見通しは一種「企業秘密」みたいなものですから，いけそうだと確信してから論文として公開します．

　パルサーがどんな仕組みでエネルギーを放出しているのか？実はよくわかっていないことを暴露してしまいました．

　以下の4つの章でやろうとしていることは暴挙かもしれません．よくわかっていないパルサーのメカニズムを説明しようというのですから．しかし，以下の4つの章では，私の最大の努力をして，パルサーをどう理解するかを描こうと思います．

14.2　分極する磁気圏

　話は，ゴールドライクとジュリアンによって提唱された理論から始まります．このモデルが出されたのは1969年でパルサー発見から2年目です．すばやいでしょ！腕に自信のある世界の理論家が競ってパルサー磁気圏の仕組みを研究していた時代です．

　普通の星のまわりにはプラズマがあります．プラズマとは，正電荷をもつ粒子と負電荷をもつ粒子からなる混合気体で電気をよく通す気体です．第9章でネオジム磁石の発電実験をしましたが，それを思い出してください．星が磁石になっていて自転していると，星のまわりのプラズマは電磁誘導作用によって星と一緒に回転を始めるのでした．「共回転」

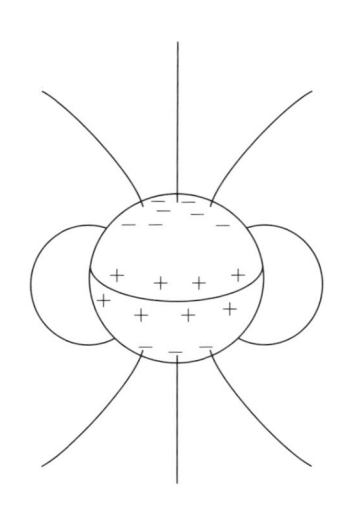

図14・1　磁化した星のまわりの分極の様子．

14.2 分極する磁気圏

と言いました．星のまわりのプラズマは共回転しますが，プラズマを構成する荷電粒子はその回転運動と磁場のため「分極」をします．つまり，ローレンツ力を受けて，一方の符号の電荷は回転軸方向に，他方の符号の電荷は赤道方向に集められ，極と赤道はそれぞれ別の符号の電気に帯電しています．図14・1のように．

地球のまわりのプラズマも，木星のまわりのプラズマも共回転し，分極しています．分極によって電場が発生しています．そして，共回転しているプラズマ自身が起電力を発生しているのでした．図14・2は木星の写真です．目には見えませんが木星も巨大な発電機です．

図14・2 ハッブル望遠鏡で見た木星．
木星のまわりのプラズマは見えない．見えないけれど木星のまわりには木星と一緒に共回転するプラズマがある．木星の自転周期は10時間と早いので共回転するプラズマに遠心力が働いて外向きの流れを生じる．磁極にはオーロラが円環上に光っているのが見える．

パルサーのまわりのプラズマが地球や木星のまわりのプラズマと同じようだったらなんにもおもしろくありません．宇宙の研究のおもしろさは宇宙ならではの「とんでもなくすごいこと」が起こることにあります．地上の実験では起こり得ないことが起こるから，宇宙はサイエンスの最先端になりうるのです．

ビッグバンもしかり，ブラックホールもしかりです．中性子星／パルサーの世界もそのような極限の世界です．

　実験室や地上付近で見られる分極の場合，正の粒子と負の粒子の密度差はごくわずかです．例えば，地球のまわりの電子は1 m^{3}あたりおよそ1000億個あります．1000億個の正イオン（$+e$とします）に対して，電子が同じ1000億個あれば電気的に中性ですが，分極のため赤道上空では電子が1000億$\dot{1}$個になっている，つまり，1000億個あたり1個の割合で正負のバランスがずれています．極上空ではその逆に電子が1000億個マイナス1個になっています．これらのずれで，それぞれの空間が正負に帯電し（分極し），電場が発生し，プラズマは共回転します．このときの地球の起電力は30万ボルトもあります．しかし，正負のアンバランスは上に見たようにごくわずかです．

　中性子星では極限状態が現れます．例えば，カニパルサーの磁場と自転速度で計算すると，分極による正負の粒子数の差は，1 cm^{3}あたり電子1兆個分にもなります．1 cm^{3}あたり1兆個というと，太陽の表面の気体がちょうど1 cm^{3}あたりおよそ1兆個です．つまり，太陽の表面くらいの密度のプラズマが中性子星表面にあるとすると，密度差が1 cm^{3}あたり1兆個欲しいわけですから，負に帯電しているところは電子ばかりで，ほとんどの正イオンを排除しなくてはいけませんし，正に帯電するところはほとんどの電子を排除しなければいけません．分極による密度差がすごく激しいのです．

14.3　真空だったら

　太陽表面のような密度の気体が中性子星の表面にあるでしょうか？もっと濃いプラズマがあるでしょうか？

　太陽が全体としてフカフカの気体であるのと対照的に地球表面は岩石でできた固体です．固い殻をもっていて，地殻と言います．中性子星も地球と同じように固体の殻，星殻をもっています．これは岩石でなく鉄の殻です．中性子星は鉄の鎧をまとっているのです．星殻の上に大気として気体があります．地球と似ていますね．地球大気の上空の気体は電離していてプラズマ状態です．このプラズマが分極して地球とともに共回転しているのでした．

　同じように，プラズマの大気が中性子星にあるとして，その大気はどれくら

14.3 真空だったら

いの高さまで続いているか計算してみます．中性子星の表面温度は第12章で出てきた「熱的放射」でわかります．約100万度くらいを考えましょう．中性子星の質量は太陽と同じくらい，半径は10 kmですから，大気の高さは数cmと計算できます．表面から1 kmも離れたら，ほとんどもう真空状態でしょう．

中性子星の重力に引かれて物質が落下してくるかもしれません．しかし，落下してくるものをはね飛ばすのに十分なエネルギーをパルサーは放射しています．

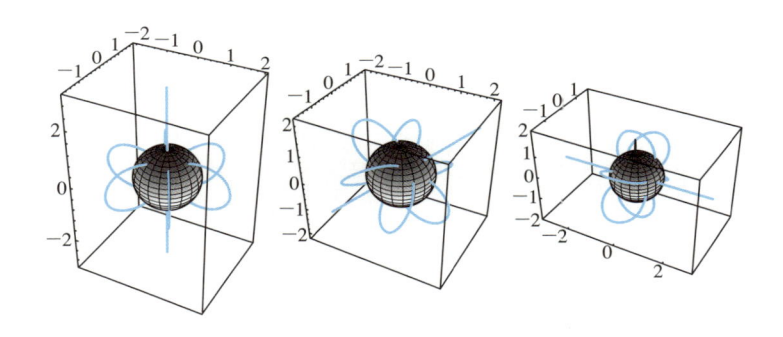

図14・3　真空中に中性子星があるときの分極の様子．
四角い箱の高さ方向がz軸で，回転軸．磁場の軸と回転軸の角度は，左から，0°，45°，90°．

こう考えると，中性子星のまわりは分極した共回転するプラズマがあるとは考え難く，それよりもプラズマがない真空と考えた方が現実的でないか？と思えてきます．

もし，パルサーのまわりが真空だったらどうなるか？

中性子星自体は分極し，起電力をもちます．図14・3を見てください．中性子星表面の黒っぽく塗ってある部分は電位が低い（マイナス極）部分，白っぽい部分は電位が高い（プラス極）部分です．

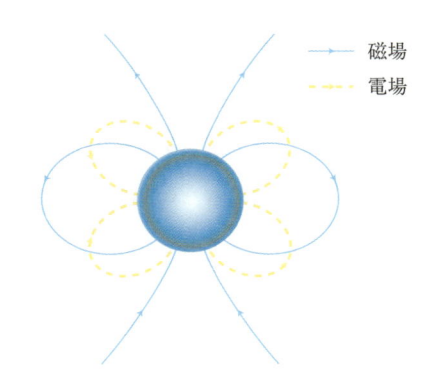

図14・4　真空中におかれた回転する磁場をもった中性子星のまわりに誘導される電場の様子（磁化軸と回転軸が平行の場合）．

CHAPTER 14　電場加速の仕組み

　星のまわりが真空であれば，発生する電場は図14・4のようになります．ここで注目すべきは電場です．電場には，磁場に沿った成分があります．粒子は，磁場に沿って簡単に動けますから，粒子は電気力で星から飛び出しそうです．実際，図14・4で磁極付近を見ると電場はほとんど磁場に平行で電子が飛び出しそうな向きになっています．
　この電気力を計算すると重力の10^{43}倍というとてつもなく大きな数字が出てきてしまいます．つまり，強い重力をさらに強い電気力が制して，粒子を中性子星表面から引き出します．中性子星のまわりは真空ではいられない，荷電粒子が電気力にひきずりだされてくる，ということです．

　　「ひきずり出された粒子は磁気圏を満たしていくでしょう．荷電粒子は磁場に沿った運動は容易にできます．だから，磁力線に沿った電場が完全になくなるように粒子が磁気圏を満たすでしょう．」（以上，正しいという保証はない）．

　と考えたのはゴールドライクとジュリアンです．ゴールドライク‐ジュリアンが考えた電荷密度分布を図14・5に示しました．星のまわりのプラズマは星と一緒に共回転しています．そして荷電粒子の密度は濃いところでは1 cm^3あたり1兆個くらいです．このような，ちょうど磁力線に沿った電場がかき消されるような電荷密度を提案者の名前をとってゴールドライク・ジュリアン密度と呼びますが，これは業界用語で覚えておく必要はありません．
　しかし，なんだか変ですね．最初，パルサーと共回転するような密度の高いプラズマはありそうもない，ということから出発し，真空状態を考えました．そして，真空と仮定すると，今度はパルサーのまわりの空間はプラズマで埋めつくされることになってしまいました．もとに戻ってしまったのでしょうか？よく注意すると違うことがわかります．ゴールドライク・ジュリアンの絵では，正負の粒子の密度差で空間電荷を作っていません．図14・4で，極からは電子だけが引き出され，電子ばかりで負電荷の領域を作っています．また，赤道では正イオンだけが引き出され，正イオンだけで正の電荷領域を作っています．
　ゴールドライクとジュリアンは，磁力線に沿った電場をうち消すようにプラ

14.4 真空ギャップ

ズマが分布すると仮定しましたが，その仮定が正しいという保証がないというのがこの理論の重大な欠陥です．それよりなにより，磁力線に沿った電場がないので「宇宙の灯台」に欠かせないビームを作る方法がありません．行き止まりです．

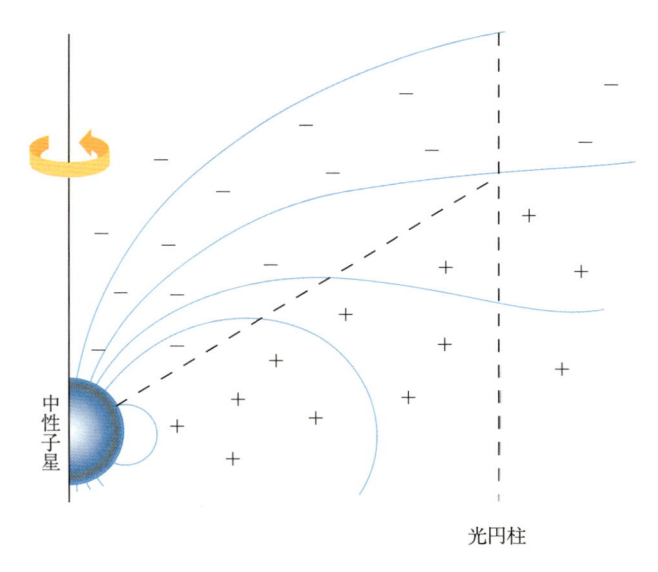

図14・5 ゴールドライクとジュリアンの磁気圏モデル．

しかし，では，どう考えればよいのか？簡単ではありません．難局を打破する考えはいつも，どこかの企業のコピーですが，Think different（違ったふうに考える）です．我々もThink differentしてみましょう．ジグゾーパズルの別のピースに移りましょう．

14.4 真空ギャップ

1973年にホロウェイという人がおもしろいアイデアをネイチャー誌に発表しています．ガンマ線やX線のパルスを説明するのに最も有力と考えられている機構に「アウターギャップ」というのがあるのですが，その元祖です．論文では半導体のPN接合とのアナロジーを考えているのですが，以下では私の目で見て新しい観点でどんなものかを説明したいと思います．

CHAPTER 14 電場加速の仕組み

　ちょうどプラズマが共回転するような都合のよい電荷密度分布ができる，というゴールドライクとジュリアンの仮定を疑うのですが，まず，百歩譲って「共回転するプラズマ」が首尾よく実現したとします．そのときちょうど光半径のところは回転速度が光速に近づいています．そのような粒子がなんらかの原因で光半径の外に飛び出したとしましょう．そうすると，磁力線に沿った電場をうち消すための粒子が不足します．

　以上のようなことを想定して，とにかく，荷電粒子の数が不足したとしましょう．ここで重要な考え方は，誘導分極です．負の粒子は極に集まるよう強制され，正の粒子は赤道側に集まるように強制されます．つまり，荷電粒子はその符号によって極と赤道に引き裂かれるのです．その結果，極と赤道の間に電荷がない真空がポカリと口を開きます．図14・6のようです．ここぞ，磁力線に沿った電場の発生場所です．極近くでは磁力線に沿った電場は消え，赤道付近の磁力線に沿った電場も消えます．しかし，中緯度付近に磁場に沿った電場が現れるというのです．

　どっち向きの電場ができるかわかりますか？起電力による分極が原因である

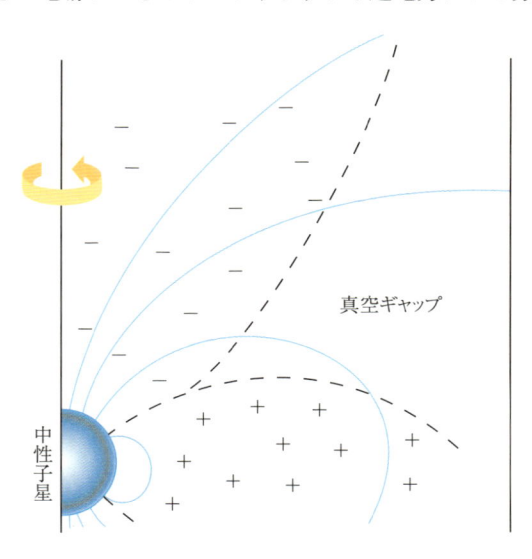

図14・6　粒子数がたらないと，正と負の電荷が強い分極を示すため，中央に真空のギャップができる．

ことを考えるとすぐに答えがでますよ．

　アングリ開いた口の中に中性のプラズマを放り込んだら，磁気圏は分極したいのですから，負の電気は極側に押しやられ，正電荷は赤道側に押しやられるでしょう．そのような方向に電場ができます．図14・6にあるように，星から外向きの電場です

　このアングリ開いた口に粒子加速があると考えるのを「アウターギャップモデル」と呼んでいます．ギャップ（空隙）というのは，アングリ口を開いた，という意味です．アウター（外側）というのは星の表面近くでなくて，磁気圏の比較的外側，光半径の50％とかいう位置にできるという意味です．

　パルサーの起電力があまりにも強いので，粒子は正負両極に強く押しやられ（分極），中緯度地帯で粒子が枯渇し，結果として，磁力線に沿った電場が消えない所，「アウターギャップ」ができます．

14.5　ちっちゃな磁気圏？

　もう一人Think differentした人がいます．ジャクソンという人です．結果は1976年に発表されています．彼は思考実験をします．

　まず，真空中に静止した磁化した中性子星を置きます．静止しているので電場はなく電荷の分布も最初はありません．その中性子星を徐々にスピンアップしたと想像します．回転が始まると分極が現れ，まわりの空間に誘導電場が発生します．誘導電場によって電荷が引き出されます．ここまではゴールドライクとジュリアンの考えと同じです．磁極から引き出された負電荷は開いた磁場に沿ってパルサー星雲の方に飛び去ってしまいます（図14・7）．負の電気をもった電子が飛び去ると星全体が正

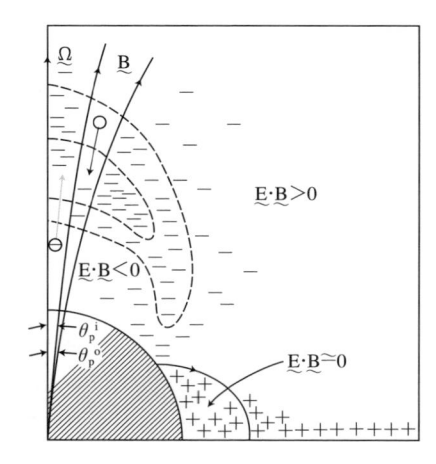

図14・7　ジャクソンの思考実験．
　　　（Jackson, E. A., 1990より）．

に帯電します.

　星全体が帯電するというのがおもしろい！私も一度は感心したのですが，よ〜く考えると太陽も正に帯電しているのです．普通そんなことどこの教科書にも書いてありませんが，よく考えるとそうなのです．質量の小さい電子は動きやすく，質量の大きいイオンは動きがたいという性質があります．太陽の熱で粒子が吹き飛ばされるとき，軽い電子が真っ先に吹き飛ばされます．そのため正のイオンが残され太陽は正に帯電します．すると電子に引っ張り戻す力が働き，正のイオンは押し出すような力が働きます．そのため，太陽がある程度正に帯電したとき，電子と正のイオンが仲良く，中性のまま吹き飛ばされるようになります．太陽風はそのような流れです．

　ジャクソンの思考実験は続きます．

　極からの電子の流出は長続きしません．星の正電荷が増え続けると，電子は正電荷に引き戻されていつか釣り合い状態になります．星がある程度正に帯電した状態で落ち着くわけです．この状態で電子やイオンの最もエネルギー的に落ち着く配置を考えると，電子は磁極の上でうろうろしているのがよく，正イオンは赤道付近をうろうろしているのがよい，という結果になります．

　うろうろしている粒子は遠くから見ると雲のようですから，これをプラズマの雲として雲の形状を計算した人がいます．ライロフというロシアの人です．1976年のことです．その後1985年にクラウゼ・ポルストーフとマイケルの二人がコンピュータシミュレーションで雲の形を計算していますが，ライロフはほとんど手計算で雲の形を求めていて，しかも，コンピュータシミュレーションとほとんど同じ結果を得ています．これも Think different の1つの形ですね．

　このジャクソンの思考実験は1つのキーを含んでいると思われましたので，私たち山形大学の研究チーム（といっても私と学生さんだけですが）でもコンピュータシミュレーションを試みました．雲の形を求めるというこれまでのやりかたでなく，私たちはまったくジャクソンの思考実験を再現できるように，粒子の運動を解くという方法でシミュレーションをしました．それだけ手間が掛かるのですが，その先に何か別のものがあるという直観があるからその方法をとりました．始めてから，もう5年近くになり大学院の学生が何代か研究を引き継ぎました．やっと，去年，極の上の負粒子の雲と赤道の正粒子の雲を作

14.5 ちっちゃな磁気圏？

り上げることに成功しました．それを図14・8に示します．

　図を見ると極の上に大きな電子の雲がこんもりと見えます．赤道近くに正の電荷の粒子が円盤状に星を取り囲んでいます．これは断面図のようなものですから，赤道にある正電荷の雲はぐるっと赤道を取り囲んでいます．雲はこれで安定の状態で雲の中では磁力線に沿った電場はゼロになっています．磁力線に沿った電場がないので雲の中の粒子は磁力線に沿ってはもう動きません．しかし，雲の外は真空で，そこには磁力線に沿った電場があります．この真空のギャップはホロウェイの考えたとおりです．雲と真空との境界はどうなっているかというと，磁場と電場が垂直になっていて，その境界は動くことなく安定です．

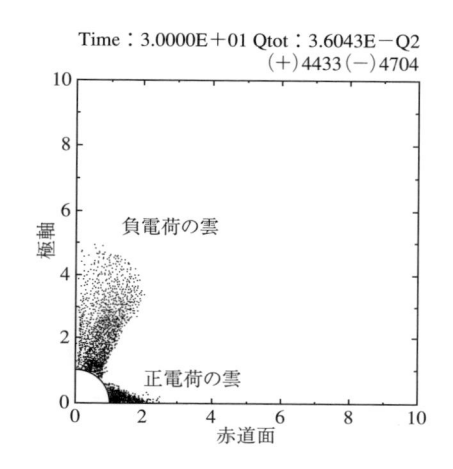

図14・8　回転する中性子星にできる極の上の雲と赤道の雲（中鉢祥，修士論文2001より）．

　回転する中性子星のまわりのプラズマはどういう安定状態に落ち着くか？という解答がここに得られたわけです．答えは，

1. 一部のプラズマはゴールドライクとジュリアンのモデルのように星と共回転する．

2. プラズマの分布は，極の上のドーム状のものと赤道のまわりの環状のものである．そこでは磁力線に沿った電場が消されている．

3. プラズマの外は真空である．そこでは磁力線に沿った電場がある．

4. 真空とプラズマの境界は安定している．

とまとめられるでしょう．これはパルサー問題に対する答えの1つです．しかし，雲は回っているだけなので，電流が流れていません．パルサー風も吹きません．電波も出ません．いわば「死んだ」パルサーモデルです．

これに命を入れて，生きた元気のよいパルサーにするにはどうしたらよいでしょう．これは，この後の章の仕事です．

14.6　極冠加速電場

もうお気づきかもしれませんが，この章では先人のアイデアの中で真実をついていそうなものを拾い上げて紹介しています．それぞれがジグゾーパズルのとりあえず確実に組み立てられそうなところです．これらを組み立てて大きな部分を作っていきます．

最後の素材は電流に関するものです．

宇宙発電所の実験で，回転するネオジム磁石から電力を取り出すことに成功しましたね．磁石の縁から出発して電球に至り，電球から回転軸のところに戻ってくる電流です．電流が流れることで電球が光り，その反作用として回転速度が遅くなるのでした．パルサーでも回転のエネルギーが消費されているかぎり同様な電流が流れているはずです．

その電流は磁極のところに集まってくると考えられます．磁力線に沿って電流が流れやすいからです．これは図14・9に示されています．

惑星に見られるオーロラも同じような極冠といわれる部分に電流が見られます．図14・10は地球のオーロラと電流の関係を示したものです．このような磁極のまわりのリング状の電流は惑星では普遍的なようで図14・2でも木星にリングが見えます．また，土星にも同様なリングが見えます．有名な土星のリングではなく，土星の磁極のところにオーロラが環状に光っているのです（図14・11）．

パルサーの磁極のあたりは電子の雲でおおわれています．この雲を構成する電子に流れ（電流）があると考えます．パルサーがエネルギーを放出するかぎり電流が流れているはずなのでこう仮定します．

電流は電子の流れでしょう．電子は磁場に沿って流れるので磁力線を束ねた管がちょうどホースのようになっていて，そのホースの中に電子が流れている

14.6 極冠加速電場

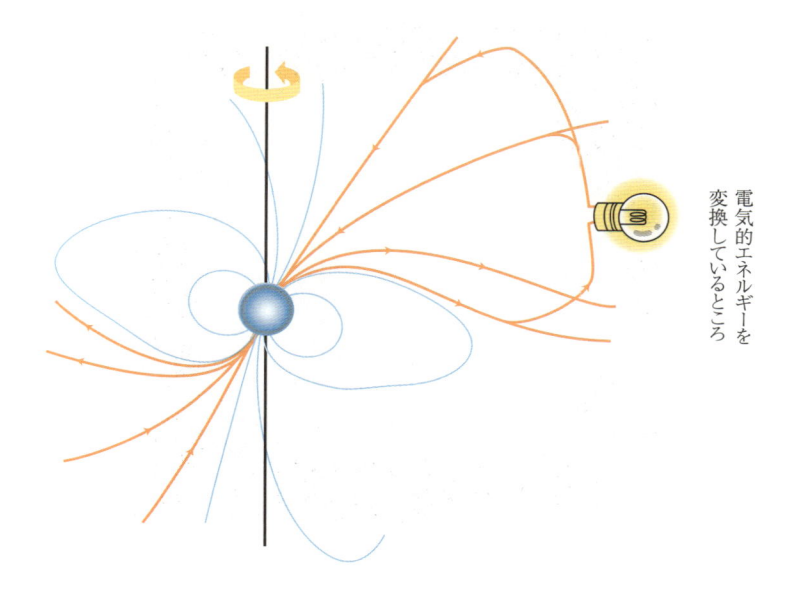

図14・9 磁極付近に予想される電流.

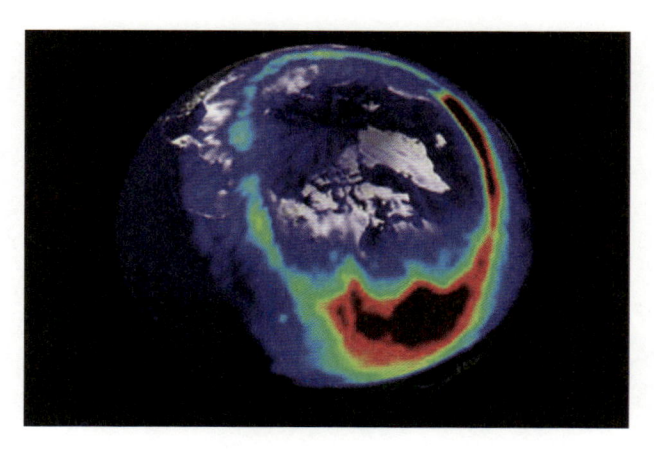

(電気的エネルギーを変換しているところ)

図14・10 地球のオーロラを人工衛星から見たもの．リング状にオーロラ帯が見える．そこには電流が流れている．

CHAPTER 14　電場加速の仕組み

図14・11　土星の磁極に環状に光るオーロラ．

ように見えます．図14・12 を見てください．ところが，流れている電子の密度はホースの太さによって変化することに注目しましょう．細い道に走っていた車の列が，急に広い通りに出ればまばらになるように，電子が流れるホースの断面積が大きくなると電子密度が下がります．電子が流れ出ると電子の密度が外に向かって減少するわけです．一方，磁力線に沿った電場がゼロであるためには，決まった電荷密度でなくてはいけません（この密度はゴールドライク‒ジュリアン密度と呼ばれたのでした）．このご指定の密度も外に向かって減少します．しかし，磁場の管が広がるために生じる密度の減少とゴールドライク‒ジュ

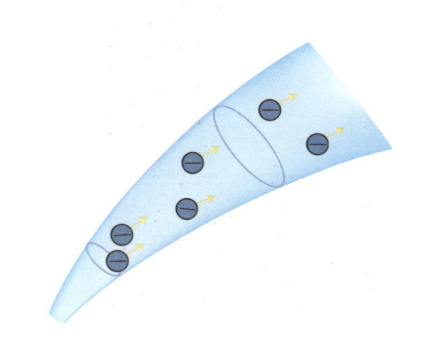

図14・12　磁極付近の磁束管を流れる電子の流れ．断面積が増加するため密度が減少する．

14.6 極冠加速電場

リアン密度の減少のし方が微妙に異なるのです．その結果としてどうしても，流れる電子の密度は，「磁場に沿った電場をゼロにするようなご指定の値」からずれてしまいます．そして，磁力線に沿った電場が発生します．

このような考えで極冠（ポーラーキャップ）に加速電場ができるとするモデルを「ポーラーキャップモデル」と言います．これは先に出てきた「アウターギャップモデル」と対になって議論されます．どちらが電場加速の正しい理論か？と．

ポーラーギャップという考えのメリットは磁極付近に磁場に沿った電場ができることです．電場があれば粒子を磁力線に沿って加速しますから，磁力線に沿ったγ線やX線のビームが出てくるでしょう．これはサーチライトのように回転するビーム放射というパルサーの特徴をうまく説明します．

しかし，電荷密度がずれて電場が発生し，そのあとどんな状態に落ち着くのか，には現状では答えが出ていません．ここは一番苦労するところです．電流は流れているはず，でも，流れたときどんな状態になるのかわからない！ここ数年，失敗ばっかりで，こうやってもうまくいかなかった，これでも駄目だった，という報告ばかり書いています．このジャングルからいつになったら脱出できるのでしょう．心は焦るばかりですが一向に解決できない毎日です．

CHAPTER 15

電子陽電子対

15.1 エネルギーは質量に等価

「時は金なり」というのは，時間とお金が等価だという原理です．うまい仕組みがあれば，時間をお金に変えたり，お金で時間を買えたりする，というのです．

粒子を加速する，つまり，エネルギーを粒子に注ぎ込むと，粒子の質量が増加するという現象が見られます．この考えを位置エネルギーを含め全エネルギーに拡張して，アインシュタインは質量とエネルギーが等価であることを見つけました．

「時間」と「お金」の交換レートは変動しますが，質量とエネルギーの交換レートは一定の値，光速の二乗 c^2 です．式で書くと，質量 m とエネルギー E の交換式は，

$$E = mc^2 \tag{15.1}$$

となります．この式を使うと，1 g は 80 兆ジュール（約 20 兆カロリー）に相当することがわかります．

実際にこれが目に見えてくる例としてよく引き合いに出されるのは，核融合反応でしょう．2 つの原子核 A と B が融合して 1 つの原子核 X になったとき，できた原子核 X の質量 M_X は融合する前の 2 つの原子核の質量の和 $M_A + M_B$ よりも小さくなっていることが確認できたのです．つまりこの反応で質量は保存せず，

$$M_A + M_B > M_X \tag{15.2}$$

となりました．このような融合反応では大量の反応熱（反応エネルギー）が出ますが，このエネルギー量は，消えた質量相当分であることが確認されました．ここで，反応で出てきたエネルギーを E として，質量の減少分を $m = (M_A +$

$M_B) - M_X$ とすると，$E = mc^2$ が成立していました．お金で時間を買うように，質量を削ってそれをエネルギーとして取り出したことになります．

化学反応では反応前後で質量は変わらないという質量保存の法則が成り立つと考えられていました．しかし，実際には，全エネルギーの変化，つまり，発熱反応か，吸熱反応かによって，質量の減か増が起こっています．ただ小さすぎて測定できないだけです．

気体の温度を上昇させ内部エネルギーを増加させると，気体は重くなります．これも日常の温度上昇では測定はできませんが，宇宙では超高温状態が生じていますから，そのような場所では実際にこの効果が重要になることがあります．あらためて，宇宙が，地上で考えられないような実験場であることを実感します．

いくつか例を挙げましたが，このように質量とエネルギーは等価なのです．

15.2　電子・陽電子対生成

光子（電磁波）はもともと質量ゼロの粒子ですが，それはエネルギーをもっていますから，うまい機構があれば，質量をもった物質，例えば，電子とかに変換する可能性があることに，気がつきます．光子は電荷をもたない電気的に中性な粒子ですから，光子から電子が生まれるというのはちょっと困ります．電荷ゼロのものから電荷 $-e$ が発生するのは，電荷の保存に反するので実現しないでしょう．しかし，電子とまったく同じ質量で正の電荷 $+e$ をもった「陽電子」との対でなら可能です．電子に対する陽電子のような粒子を反粒子と言います．

電子の質量は $m_e = 9.1 \times 10^{-28}$ g ですから，$m_e c^2 = 511$ キロ電子ボルトのエネルギーに対応します．陽電子も同じ質量をもちますから対応するエネルギーは電子と同じ511キロ電子ボルトです．両者をたして，1022キロ電子ボルト以上の光子から，電子と陽電子の一対を作ることができるはずです．

光子から電子陽電子対を作る反応はいくつか知られていますが，パルサーで最も期待できるのは，磁気的対生成という過程です．これは，前章で述べた電場加速に関連して起こります．

磁力線に沿って電場があると，電子が加速されます．加速された電子が磁場

15.2 電子・陽電子対生成

に沿って運動するとき，これは加速度運動なので制動放射を出します．ここまでは13章で述べました．この制動放射で出てくる光子のエネルギーは数億電子ボルトにもなります．これくらいエネルギーの高い電磁波（光子）はガンマ線と呼ばれます．ガンマ線光子はほとんど磁場に沿って放射されますが，磁力線は曲がっていて光は直進しますから，光子が進むとやがて光子は磁場を斜めに横切ることになります．このとき，磁場と光子が相互作用して電子と陽電子の対が形成されます．化学反応風に書くと，

$$h\nu + B \rightarrow e^- + e^+ \tag{15.3}$$

のようになります．ここで，$h\nu$ はガンマ線を表しているとしています；B は磁場の意味で，e^- は電子，e^+ は陽電子の意味です．電子1つが加速されるとたくさんのガンマ線光子が放射され，そのひとつひとつの光子が電子と陽電子の対を作りますから，1つの電子から，何千という電子・陽電子を作ることができます．

これは重大なことです．パルサーのまわりは荷電粒子が欠乏していると言っていましたが，そこに電子と陽電子からなる気体が多量に発生するのです．電子と陽電子の密度が大きいことが衝撃的です．粒子が欠乏するから電場が発生すると考えたのでした．しかし，プラズマの密度はその1000倍にも増幅されるかもしれないのです．もしそうなら磁場に沿った電場が消されてしまうかもしれません．

電子陽電子対がないときは，粒子が欠乏して加速電場が発生する．加速電場が発生すると電子陽電子対が生じる．電子陽電子対ができると加速電場がなくなる．1つの循環に陥ってしまいます．このような循環が時間を追って繰り返されるのか，ちょうどよい釣り合い状態があるのか，まだわかっていません．アウターギャップでも電子陽電子対生成が起こります．今度は磁気的な対生成ではありません．加速されて粒子から出たガンマ線が今度は星の表面から出たX線と衝突して電子陽電子対を作ります．化学反応式風に書くと

$$h\nu + h\nu' \rightarrow e^- + e^+ \tag{15.4}$$

となります．$h\nu$ はガンマ線，$h\nu'$ はX線を表すこととします．ここでも，同様な循環論が生じます．

15.3 パルサー風からの示唆

また，カニ星雲に登場してもらいましょう．星雲の光度は 10^{31} ワットくらいです．このエネルギーはパルサーからやってくる粒子によって運び込まれていると仮定しましょう．星雲のスペクトルから粒子1つあたりのエネルギーは平均的に 10^{12} 電子ボルト位であることがわかります．

$$\text{星雲の高度（ワット数）} = \begin{pmatrix} 1\text{つの粒子} \\ \text{のもつ平均} \\ \text{エネルギー} \end{pmatrix} \times \begin{pmatrix} \text{毎秒パル} \\ \text{サーから} \\ \text{でてくる} \\ \text{粒子の数} \end{pmatrix} \quad (15.5)$$

という関係があると考えられます．これから，パルサーからやってくる粒子の数は毎秒約 10^{38} 個であると計算できます．この数，多いと思いますか？少ないと思いますか？

磁力線に沿った電場を丁消しにしてしまう電荷密度（ゴールドライク・ジュリアン密度と呼んでいました）．これが光の早さで飛び出てくるとしたら，毎秒何個の粒子が出てくるか計算してみると，毎秒 10^{35} 個となります．なんと少ないのでしょう！カニ星雲で予想される粒子数は毎秒 10^{38} 個ですから，予想より1000倍も多くの粒子が出てきていることになります．以上の推論が正しければ，粒子密度を増やす必要があり，「電子陽電子対生成」というアイデアがそれを実現してくれます．

15.4 磁場に沿った電場加速

まとめましょう．磁場に沿った電場加速は，電子陽電子対を作ります．この考えには3つのメリットがあります．

1. 電子陽電子対の生成は粒子数を 100〜1000 倍に増大させてくれます．これはパルサーのまわりにある星雲を光らせている粒子数にみあった数です．

2. ガンマ線は磁場に沿って放射され，すべてが電子陽電子を作るわけでないので，一部はガンマ線ビームを作ることになります．これは，ガ

15.4 磁場に沿った電場加速

ンマ線で観測されたパルス放射を説明できます．できた電子と陽電子はシンクロトロン放射を出すと思われるので，これはX線や可視光でのパルス放射を説明するでしょう．

3. 電子と陽電子からなる密度の濃いプラズマの中を加速された粒子が走ることになります．このような状況では粒子ビームと電子陽電子プラズマが相互作用し，強い電波を放射する可能性があります．これは電波ビームを説明するかもしれません．

これはなかなかいけるアイデアではないでしょうか．

CHAPTER 16
パルサーから吹いてくる風

16.1 宇宙電磁投石器

投石器という兵器を知っていますか．図16・1のように「てこ」の応用で，石を遠くまで飛ばす道具です．重さ数十kgの石を300 mくらい飛ばせたそうです．敵の要塞の壁などを壊す目的です．大砲が登場する14世紀頃まで使われていました．原理は，投げ釣りと同じ．つまり，長い釣り竿を振り回して，遠くに仕掛けを投げ込むやりかたです．

図16・1 投石器．

前の章で，自転する磁石が発電機になることを述べました．この発電機と投石器を組み合わせるとおもしろい装置を作ることができます．そしてパルサーもそれと似た仕組みをもっているようなのです．

我々が宇宙空間に打ち上げた「自転する磁石」にまた登場してもらいます．回転する磁石に豆電球をつなぐのでなく，今度は大きな金属の玉をつなぎます．

CHAPTER16 パルサーから吹いてくる風

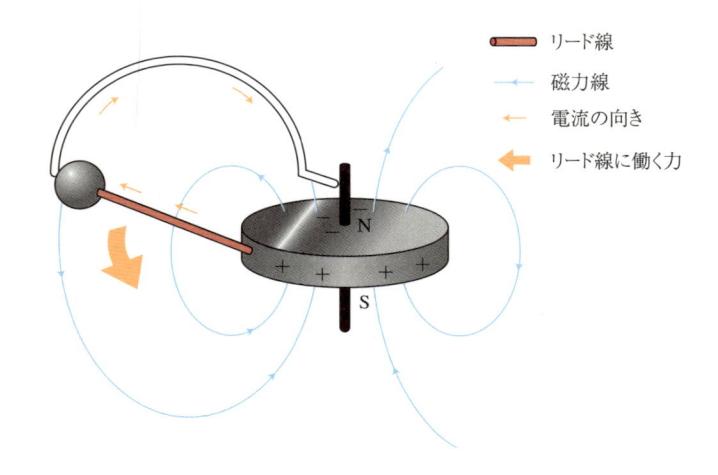

図16・2 人工宇宙発電所に金属の玉をつないだとき，電流が流れ，玉は回転を始める．

図16・2aのような感じです．

　自転する磁石は発電機ですから，図16・2のように，電流が流れます．電流は磁石の縁から玉に向かって流れ，玉を横断した後，リード線のもう一方を通って磁石の回転軸に戻っていきます．電流が流れると，電磁力が働いて玉は磁石と一緒に回転し始めます．リード線が力を伝えるわけでないので，リード線自身はしっかりしたものである必要はなく，フニャフニャでも構いません．磁石につながれた導体は電磁誘導で共回転するのでした．完全に共回転したところで電流が止まり，それ以上高速の回転をすることはありません．電球を光らせる前回の実験では，電流が止ってしまうことが失敗でしたね．

　玉が磁石と共回転したところで，玉を磁石から切り離します．そのあとは，慣性の法則に従って，玉は等速直線運動ですから，回転運動の接線の方向に飛び去ります．電磁力でビュンと回して，共回転したら，ぱっと離す．投石器と同じでしょ！投げ釣りと同じでしょ！

　大量の玉を磁石に搭載しておきます．玉を2本のリード線に接触させると，遠心力で勝手に先端部分に走っていき，共回転を始めますから，そこで切り離します．この操作を繰り返せば，次々に玉を発射することができます．すこし遠目でこれを見ると，回転磁石からは加速された玉が円盤状に四方八方にまき散らされ

16.1　宇宙電磁投石器

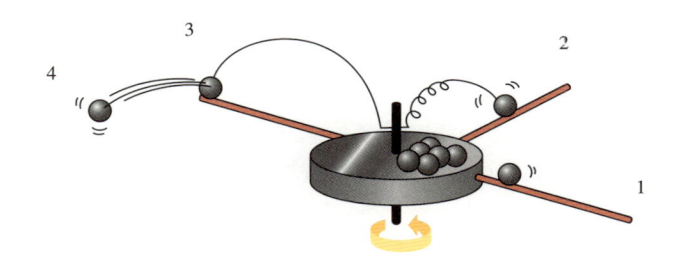

図16・3　電磁式宇宙投石器．

るように見えるでしょう．これを「電磁式宇宙投石器」と呼びましょう！（図16・3）．

　「電磁式宇宙投石器」の電流は流れたり止まったりしますが，長い目で見れば持続的に流れています．粒子も持続的に放射されています．遠目で見ると，切り離された粒子はおおよそ放射状に出ていて回転はほとんどしていません．回転方向の速さは図10・3のようになります．飛び出す粒子のエネルギー源はもちろん磁石の回転エネルギーです．「電磁式宇宙投石器」とまったく同じことがパルサーで起こりそうです．中性子星のまわりのプラズマ粒子は回転の誘導作用で共回転しようとします．中性子星のまわりでビュンビュン回るプラズマが飛び出せば，回転のエネルギーを粒子の運動のエネルギーに変換して放出することができます．

　共回転するプラズマは放っておいてもできますから，この機構を完成させるにはプラズマを共回転から切り離す機構がわかればよいのです．どうしたら，共回転する粒子を回転から切り離し，射出することが可能でしょうか？

　ここでキーとなるのは光半径です．光半径とは，共回転したとき回転スピードが光の速度になる半径でした．もし，光半径のすごく近くまでプラズマが充満したならそのプラズマはほとんど光速で回転します．

　ところで，図16・4のようなくるくる回る遊具に乗ったことありますか？ビュンビュン回すと飛び出ていきそうですが，枠につかまっていれば大丈夫，飛び出しません．パルサーにも飛び出ないように押さえてくれる枠のようなものがあります．それは磁場です．

図16・4の右の図のように中性子星には閉じた磁力線があります．磁気の妖精がいるのでしたね．妖精の力を覚えていますか？この磁力線を横切って粒子が飛び出ようとするとその運動に直角に力が働いてクルッと方向を曲げられ，結局，閉じた磁場から抜け出ることはできません．だから，中性子星のまわりのプラズマは中性子星と一緒に回転するしかありません．中性子星と回転するプラズマを，飛び出さないようにしっかり押さえてくれる強い磁場が存在します．

図16・4　公園でよく見られる回転する遊具．しっかり枠に捕まってないと回転できずに飛び出してしまうよ！中性子星のまわりのプラズマも磁力線という枠につかまっているので飛び出さないで回転できる．

16.2　相対論的な遠心力風

相対性理論によれば，運動しているときには質量が大きくなります．粒子の運動速度が光の速度に近づくにしたがって粒子の質量は無限大に向かって大きくなります．この原理を共回転するプラズマにあてはめてみましょう．回転運動の速さは半径が大きくなるほど大きくなり，「光半径」で光速になります．光半径のすぐ内側の粒子はほとんど光速で運動していますから，とても質量が増加していることになります．

図16・4の回転遊具で，乗っている人の体重がどんどん増加したらどうでしょう．鉄の枠の強度の限界を越えて枠がちぎれてバラバラになってしまうでしょう．あるいは，枠を握っている力の限界を超えて，手を離してしまうでしょ

16.2 相対論的な遠心力風

う．いずれにせよ，回転している人は切り離され飛び出します．

気がつきましたか？これは電磁式宇宙投石器そのものです．

まとめるとこうなります．

1. 中性子星のまわりのプラズマ粒子は星と一緒に回転します．回転の誘導です．

2. 半径が大きいところほどスピードが大きくなります．しかし，磁場による力によって飛び出ないように押えられています．

3. 光半径に近づくにつれて回転スピードは光の速さに近づきます．

4. 光半径に近くなるほど粒子の重さはどんどん無限に向かって増えていきます．非常に光半径に近いところでは非常に質量が大きくなり，ついには，飛び出していきます（飛び出すときは，閉じた磁場が破れるか，磁場から粒子が剥がれるかいずれかの方法でしょう）．

粒子はきっと円盤状に飛び出していくことでしょう．粒子が飛び出るとそのあとが真空になってしまうので，そこには新しい粒子が供給されるでしょう．そして新しい粒子も光の速さ近くなり，重くなって，飛び出ていきます．

このようにプラズマが回転することによって飛んで出ると思われるプラズマの流れを「遠心力風」と呼んでいます．パルサーでは光の速さに近い速さで運動しているので「相対論的遠心力風」言います．すごい磁場ですごく早い自転をするパルサーならではの現象です．

16.3 遠心力風のエネルギー

パルサーが「電磁式宇宙投石器」になっていて，非常にエネルギーの大きな粒子を吹き出すことがわかりました．ここで，どれくらいのエネルギーが出るのか推定し，この「電磁式宇宙投石器」がきわめて重要なエネルギー放射機構であることを以下の計算でみておきましょう．結局は，7章で求めた磁気双極

子放射のエネルギー放射率と同程度のエネルギーが出ていることがわかります．回転エネルギーが遠心力風で出ていたとしても，以前求めたパルサー磁場の推定値（磁気双極子近似）は変わらないこともこれでわかります．

　この節は具体的な量を計算してみます．ちょっと式を使いますが我慢してください．

　粒子の運動のエネルギーは速度の2乗に比例していて次の式で表されるのでした．

$$\text{運動のエネルギー} = \frac{1}{2} m_0 V^2 \tag{16.1}$$

ここで，m_0 は粒子の質量，正確には，粒子が静止しているときの質量なので「静止質量」と言います．V は粒子の速さですが，光半径に近づくと速さ V は光速に近づきます．このような場合は上の運動エネルギーの式は使えません．相対性理論を使わないといけません．相対性理論では，エネルギーの増加は質量の増加となって現れます．速さ V が光速に近くなってくると質量は一定でなく，

$$m = \frac{m_0}{\sqrt{1-(V/c)^2}} \tag{16.2}$$

としないと正確ではなくなります．V が光速 c に近づくと，分母のルートの中がゼロになって，m は無限に大きくなりますね．ここでルートの入った部分を特にガンマという文字で表して，

$$\gamma = \frac{1}{\sqrt{1-(V/c)^2}} \tag{16.3}$$

このガンマ（γ）はローレンツ因子と呼ばれます．ローレンツ因子を用いると質量は $m = \gamma m_0$ と書けます．例えば，ローレンツ因子が100なら，質量は静止しているときの100倍になっています．光の速さに近い粒子については粒子のエネルギーは，

$$E = mc^2 = \gamma\, m_0\, c^2 \tag{16.4}$$

と表せます．

　この粒子のエネルギーが磁場のエネルギーを超えたときに粒子は磁場から切り離されて粒子は吹き飛ぶと考えられます．図16・4にある遊具のイメージで

16.4 電磁投石器か？それとも電磁砲か？—パルサー風の謎—

いうと，体重の大きな人（質量の大きくなった粒子）が鉄の枠にしがみついていて，鉄の枠が絶えきれなくなってちぎれてしまい，人々が飛び出る，といった感じです．この条件は「光半径において，磁場のエネルギー密度とプラズマのエネルギー密度が等しい」，とすればよいので，光半径の位置での磁場の強さを$B_{光半径}$と書き，プラズマ粒子の数密度（1 cm³あたりの個数）をnとすれば，

$$\frac{B^2_{光半径}}{8\pi} = \gamma m_0 c^2 n \tag{16.5}$$

が，粒子が飛び出す条件です．カニパルサーだと光半径での磁場の強さは$B = 10^6$ガウス（100テスラ）くらいです．さらに，パルサーから飛び出してくる粒子数が，毎秒10^{38}個くらいであることから，粒子数密度が推定できます．上の式が与えるローレンツ因子γの値は，約100万になります．共回転を破って飛び出てくる粒子のローレンツ因子は，なんと100万に達するというのです．電子や陽電子は，本来陽子よりもずっと軽いものですが，飛び出すときの電子や陽電子は陽子の質量の数千倍の重さになっていることになります．

計算が得意な人のために，ここで考えた遠心力風によるエネルギー放射率が磁気双極子放射のエネルギー放射率と同じになることを式で書いておきます．

遠心力風のエネルギー放射率
= 飛び出す粒子のエネルギー密度×c×飛び出す部分の面積
= $(m\gamma c^2 n) \times c \times 4\pi R_L^2$
= $\dfrac{B^2_{光半径}}{8\pi} \times c \times 4\pi R_L^2$

$$= \frac{1}{2} \frac{\mu^2 \Omega^4}{R_L^2} \tag{16.6}$$

ここで，中性子星の磁気モーメント$\mu = B_{光半径} R_L^3$であることを用いました．

16.4 電磁投石器か？それとも電磁砲か？—パルサー風の謎—

光半径は電気の妖精と磁気の妖精が「羽ばたく」位置でもありました．つまり，電磁場のエネルギーがこの位置から放射されます．別の発想をすると，電場や磁場にも遠心力が働いて吹き出てくるようなものです．電場や磁場のように質

CHAPTER16 パルサーから吹いてくる風

量のないものに遠心力というのも変ですが，エネルギーがあるので相対性理論では「エネルギーと質量とは同等」で，まんざら変な考えでもないでしょう！

2つのエネルギー形態—プラズマ粒子と電磁場—のそれぞれがどれだけのエネルギーを放射しているのか？つまり，パルサーの放射エネルギーのブレンドの具合はにわかには決められません．発電機を投石器として使うか？それとも，光（電磁波）ビームを放射する方式で使うか？あるいはその両方をブレンドするか？とういう問題です．

では，理論的にブレンドの具合は予測できるでしょうか．これは実際に電磁場の従うマクスウエル方程式とプラズマの運動方程式を連立して解いてみないとわかりません．しかしたいへん難しい問題です．いくつかのコンピュータシミュレーションもありますが，うまくいっていません（プラズマのローレンツ因子が100万どころか100くらいにしかならないのです）．パルサー風の加速の問題は，現代の宇宙物理学での難問中の難問とされています．当分の間この問題は解けないでしょう．もしあなたが若者ならしっかり勉強して，挑戦してみませんか？

いずれにせよ，観測的な証拠からパルサーからは光の速度にきわめて近くまで加速されたプラズマが吹き出していて同時に電磁場のエネルギーも吹き出していると考えられます．この，プラズマと電磁場の混じったパルサーからの流れを「パルサー風」と呼んでいます．パルサーからの風というとなんだか優雅な名前ですが，中身はすごいエネルギーの粒子と電磁場の流れです．また，その仕組みも難解きわまる問題です．

16.5　まとめ：パルサー風

1）共回転と光速の壁

パルサーのまわりにプラズマがあると，プラズマは電磁誘導によって星と一緒に回転（共回転）します．そのため，パルサーからの距離が離れるにつれてプラズマ粒子の運動速度はどんどん早くなります．光半径 R_L の位置でとうとう光の早さに達してしまいます．

2）重くなって吹き飛ぶ

しかし，実際はその直前でプラズマ粒子の質量は巨大になり，巨大な慣性によ

16.5 まとめ：パルサー風

って共回転できなくなり吹き飛んでしまうと考えられます．この機構をここでは「電磁式宇宙投石器」と呼びました．天文学の用語では「遠心力風」です．

3）パルサー風

パルサーからこの機構によってローレンツ因子が100万（10^6）にも加速された電子や陽電子が吹き出していると思われていて，それを「パルサー風」と呼びます．

4）開いた磁力線

吹きでてくる粒子は磁場のまわりに旋回運動しています．したがって，粒子に絡み付かれた磁力線は閉じないで開いた形をしています．図16・5のようです．半径の内側で閉じる磁力線は閉じたままです．

5）ブレンドの具合は不明

開いた磁力線に沿って流れ出るのは粒子だけではなく，電磁エネルギーも流れでますが，粒子で運ばれるエネルギーと電磁的なエネルギーとのブレンドの具合はまだわかっていません．

6）閉じた電流回路を形成

エネルギーの形態はどうであれエネルギーがパルサーから放出されるならそこには図16・5で示されたような電流回路が形成されています．

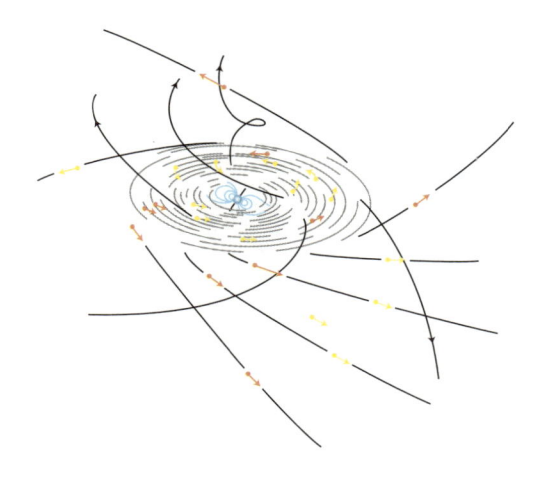

図16・5　パルサー風のまとめの図．

CHAPTER 17
パルサー磁気圏のモデル

17.1 何風で攻めますか？

　1990年頃，イギリスのサセックス大学のレオン・メステル（Mestel, L.）の考えたパルサーモデルに「脈」を感じて，つまり，これはいけそうだと思って，私は，彼のモデルを発展させたモデルを作っていました．ちょうどそのころ学術振興会の研究員として10ヶ月間イギリスで研究する機会を得て，サセックス大学に赴きました．

　レオン・メステルの前に立った私は，「あなたのモデルの延長上でパルサーからのガンマ線放射がこのように説明できるのではないかと思います」と言って，私の結果を示しました．そのときの彼の言葉は衝撃的でした．「僕のモデルで真面目に考えているのかね？」えっ，この人は真面目に研究していなかったのかしら？（唖然）．

　一緒に研究をするうちに事情がわかってきました．私は「くそ真面目な」性格なので，自分の理論が現実のパルサーをいかにうまく説明するかすごく真剣に考えます（当然ですよね！）．この理論はうまくいくかな？ドキドキしながら研究するのは楽しいことです．しかし，私が触れた風土はちょっと違います．彼らが大切にするのは結論がパルサーの説明になっているかどうか，ではないのです．

　どんな研究でも，まず状況を考えて，ある仮定をします．そして，その仮定から（複雑な）過程が解明され結論を導きます．彼らはその途中の論理を最も大切と考えるのです．結論が現実のパルサーをうまく説明すればそれに越したことはありませんが，説明しなくても気にしません．うまく説明できないのなら，仮定が実際のパルサーでなりたっていないことがわかります（こう言えるためには仮定から結論に至る論理がすごくしっかりしていなくてはならないこ

CHAPTER17　パルサー磁気圏のモデル

とにご注意ください）．これも大切な結論です．第二に，ここがおもしろいのですが，組み立てた理論がパルサーに使えなくても，何十年も先に，その仮定が成り立つ新種の天体が見つかって，そのとき役に立つかもしれないのです．論理が正しければ，その理論研究は決して無駄になることはないのです．直ちにそれがある現象の説明にならなくてもよいのです．

　どうしてもパルサー活動を解明したい，解明する理論をうち立てるのだ！と（若いときは特に）気負い勝ちですが，それがない．そのかわり，仮定から結論に導く論理についてはとても厳しい追求があり，その厳しさには感銘したものです．現象を説明することに気をとられすぎると，つい曖昧な論理のステップを踏んでしまいます．いくら観測事実を説明できても（一見説明するように見えても），論理のステップを踏みはずせばそれは間違った理論です．その研究はゴミ同然です．You are doing nothing（君のやっていることは何もしていないのと同様）としかられる羽目になります．現象の説明よりも，仮定と論理（ロジック）をはっきりすることを重視する伝統がイギリスには生きています．

　一方では，徹底して現象にしがみつくやりかたもあります．これは，プラグマティズムの本場（？），アメリカの研究風土に色濃く見られるように私は感じます．

　まず徹底的に観察します．そして，観察した現象を説明する原始的なモデルを作ります．現在の理論ではちょっと考えられないような仮定を入れてもかまいません．例えば，とりあえず観測されたＸ線のスペクトルを作れるような状況を探します．一般に，観測を説明するようなモデルはたくさん作れます．下手な鉄砲も数撃ちゃ当たる式にいっぱい考えます．次に詳しい観測をして，仮定したモデルで予想されることと比べます．複数のモデルのどれが生き残れるかテストします．例えば，パルスの波形が説明できるか？説明できないとまた新しいモデルを作ることも必要です．観測を増やしながらモデルをどんどん改善し真実に近づけていく．こんな感じの攻め方です．

　中には，物理の根本原理から反するけれど，とにかく現象は説明可能，といった困ったモデルもでてくることがあります．基本原理から出発して研究している私からみるとあり得ないので笑っちゃうようなモデルも出てくるのです．でも，平気です．そのようなモデルはいずれ観測に合わなくなって捨てられる

でしょう．しかしあるときは，笑っちゃう，といっていた理論家が笑われるかもしれないので，恐いです．

上に書いた2つのアプローチはどちらが良い悪いというのでなく，車の両輪のような関係で助け合いながら全体が進歩するのです．

私たちも，進みましょう！

17.2　全体を見渡す

いよいよこの章ではパルサーの活動が活発に起きている領域「パルサー磁気圏」の全貌を明らかにします．まず，全体を見渡す目が大切です．パルサーが引き起こす重大な現象は3つあることがこれまでにわかりました．

1. パルサー風が吹き出る．

2. X線やガンマ線といった高エネルギーの光子〔電磁波〕をビーム状に放射する．

3. 電波が増幅されビーム状に放射される．

これらをすべてうまく1つのモデルで説明できれば「成功」というわけです．

すべての活動の源泉は中性子星の自転です．開放される自転エネルギーのうち，90～99％がパルサー風としてまわりの空間に放出されていました．ガンマ線などのパルスとして放射されているエネルギーは残りのわずかの部分にすぎませんでした．そして，電波パルスのエネルギーはさらに小さく，無視できるほどの量です．以上のことから，「パルサー風を制したものがパルサーを制する」，つまり，パルサー風の理解が最も重要であることがわかります．

17.3　パルサー風と電流系

パルサー風は，（ローレンツ因子が100万くらいまで）加速されたプラズマと電磁場の混合物の流れでした．このプラズマの流れが加速される原理は，第16章で見たように「電磁式宇宙投石器」方式を考えると簡単に理解できます．

CHAPTER17 パルサー磁気圏のモデル

「電磁式宇宙投石器」方式を思い起こしてみると，粒子の加速にともなって，常に電流が流れていることに気がつきます．その電流の経路は，中性子星から出てパルサー風が形成される場所に達し，また中性子星に戻るようなものです．これは図示した方がわかりやすいので図17・1をご覧下さい．

図で見るように，電流は，共回転から粒子が切り離される場所，つまり共回転速度が光速になる位置（光円柱）を通過します．光円柱の内側では粒子が磁力線に沿って運動するため，電流は極冠（ポーラーキャップ）に集中しています．よく見ると，電流は低緯度側（赤道に近い側）の磁力線を通って中性子星

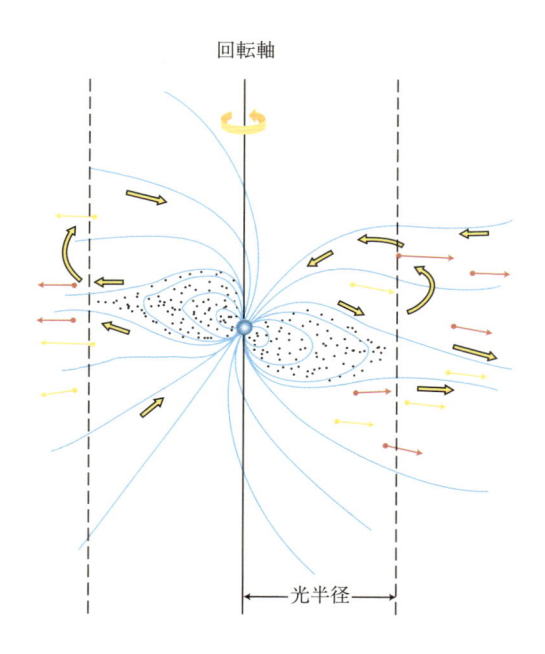

図17・1 磁極付近から伸びた磁力線は遠くに至るので，その上にある粒子の共回転速度が光の速さになることができる．プラズマの重みで磁力線が破れるところができると思われる．粒子が共回転から切り離されるのは，ちょうど半径が光半径になる円柱（光円柱と呼ぶ）で，このあたりで電流がリターンしているだろう．一方，光円柱より内側で閉じている磁力線のある領域は電流が流れず死んだ領域と呼ばれる．

を出て，高緯度側（磁極に近い側）の磁力線を通って中性子星に戻ってきています．光半径よりも内側で閉じてしまう磁力線に捕まっている粒子は，共回転から切り離される機会がないので，この部分では電流が流れません．この部分をデッドゾーン（死んだ領域）と呼びます．

このようにしてパルサー風ができたのと表裏一体の関係で，循環する電流がパルサー磁気圏内に形成されることがわかりました．図17・1では磁化軸と回転軸が比較的そろっている場合が描かれていますが，磁化軸と回転軸の角が大きくても，プラズマがあれば確かに電流が流れていることを証明することが可能です．

まとめです．電磁式宇宙投石器方式で電子陽電子プラズマが加速され，粒子と電磁場エネルギー（光子）の混合体としてのパルサー風が吹き出すとき，磁気圏には電流が循環している．

17.4 極冠と有効電圧

磁気圏には電流が流れていることがわかりました．磁気圏から放出されるエネルギー，つまり，パワーは，中学校でならったとおり，電流かける電圧で計算できます．そこで，次に電圧に注目してみましょう．図17・1で示したデッドゾーン（死んだ領域）にある電圧は利用されません．活動を支える電流は磁極に集中しています．この部分を極冠（ポーラーキャップ）と言います．極冠にある電圧が有効な電圧です．カニパルサーの場合，極冠の半径は中性子星の半径の1/4くらいです．自転が遅いパルサーでは極冠はずっと小さいものです．自転が遅いと共回転が光速になる半径は大きくなり，図17・1からわかるように，デッドゾーンが大きくなり，極冠に至る磁力線は細くしぼられるからです．電波放射は極冠のすぐ上から出ていると思われていますが，確かに，自転の遅いパルサーほど電波ビームがしぼられていて，極冠が小さくなっていることがわかります．実際の観測データを図17・2に示しておきます．周期の増大とともにビーム幅が狭くなっています．参考のため極冠の半径R_{pc}と中性子星の半径R_{ns}の比を与える式を書いておきます．

$$\frac{R_{pc}}{R_{ns}} = \frac{0.0145}{\sqrt{P(\text{秒})}} \tag{17.1}$$

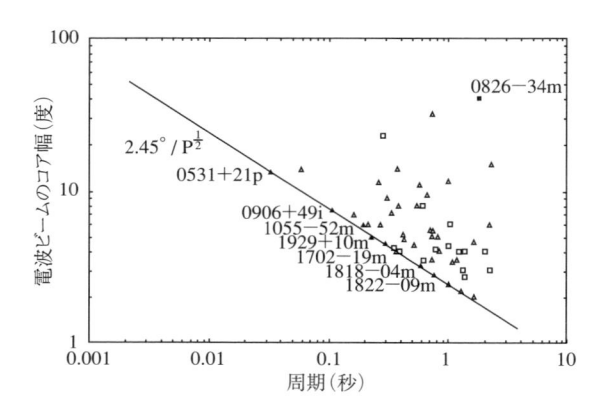

CHAPTER17　パルサー磁気圏のモデル

図17・2　電波パルスの幅と周期の関係（観測結果）．
（Rankin, J. M., 1990 より）．

　中性子星は大変大きな起電力をもっていますが，デッドゾーン（死んだ領域）にある電圧は利用されることはなく，極冠にある起電力が利用されることがわかりました．実際に利用できる電圧を計算すると以下のような式で表せることがわかります．

$$V_{有効} \approx \frac{\mu \Omega^2}{c^2} = 6.6 \times 10^{12} \frac{B(10^{12} \text{ガウス単位})}{(P(秒))^2} \text{ボルト} \quad (17.2)$$

1秒程度の自転周期の普通のパルサーでは 10^{13} ボルト程度が利用できます．自転が早ければさらに電圧は高くなります．磁場が強くても電圧は高くなります．この有効電圧と磁気圏の電流の積が磁気圏のパワー $\mu^2 \Omega^4 / c^3$ ですから，逆算して，磁気圏に流れている電流の推定値は $\mu \Omega^2 / c$ です．

17.5　磁気圏のグローバルな構造

　パルサー風があれば，光円柱の内側では磁力線に沿った電流が流れるのでしたね．ところが，磁力線に沿った電流には，磁力線に沿った電場が現れることを第14章で見ました．これには2つの考え方があって，それぞれ，ポーラーキャップモデルと，アウターギャップモデルと呼ばれていました．ポーラーキャップモデルは極冠近くの粒子の流れに磁力線に沿った電場を形成するモデルです．また，アウターギャップモデルは，電荷分離が強くてプラズマの裂け目

17.5 磁気圏のグローバルな構造

（ギャップ）に磁力線に沿った電場が発生するモデル，でした．アウターギャップはデッドゾーン（死んだ領域）のすぐ外側の光円柱に比較的近い領域にできます．どちらのモデルを採用するにしても，重要な結果は，(1) ガンマ線やX線のビーム放射が出ること，(2) 電子陽電子ペアが大量に作られること，でした．パルサー風，ポーラーキャップモデル，アウターギャップモデルを含めて磁気圏の図を書き直してみると図17・3のようです．

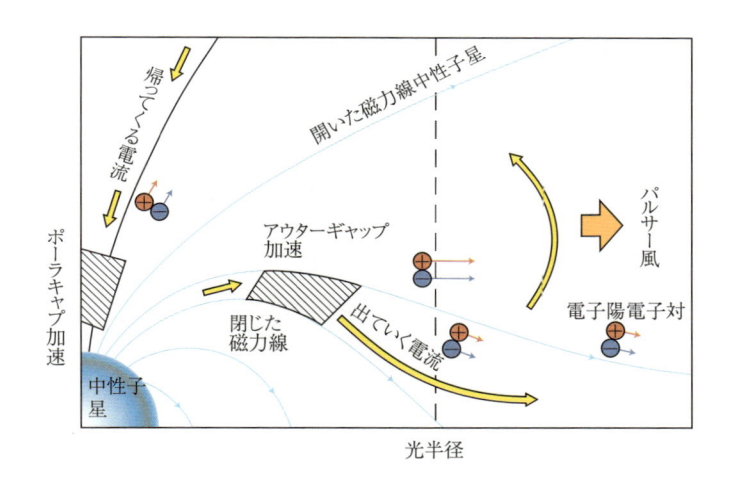

図17・3　パルサー風と磁力線に沿った電場加速の両方を含むモデル．

ここで重要なのは，磁力線に沿った加速領域とパルサー風とが因果のループを形成していることです．因果のループはどこから始めてもよいのですが，まず，パルサー風があるとしましょう．

パルサー風があると電流回路が形成され磁力線に沿った電流が流れます．磁力線に沿った電流の上には，磁力線に沿った電場が形成されます．磁力線に沿った電場があると粒子が加速され，電子陽電子が生成されます．電子陽電子が生成されると共回転しようとしますが，光円柱に達するとパルサー風を形成します．パルサー風があると電流が形成され……（以下，繰り返し）．パルサー風と磁力線に沿った電場による粒子加速が互いに支え合ってうまく全体としてのパルサー活動を支えていることがわかります．なんと巧妙な仕組みなのでし

ょう．電子陽電子対ができるとそこでは必ず，電場によって加速された粒子（1次粒子）と生成された電子陽電子（2次粒子）の混合体ができます．これはまさに電波の増幅にもってこいの物理状態です．電場放射の機構はまだ解明されていませんが，この混合体の存在は必要条件と考えられています．

こう考えると，(1) パルサー風，(2) X線やガンマ線のパルス，(3) 電波パルス，というパルサーの3つの活動は，互いに因果関係で結びつけられた必然的な結果だと言えます．

もし，パルサー研究の専門家がこの文章を読んだら，「おいおい，そんな勝手なストーリーをでっちあげないでくれよ．」というかもしれません．上に書いた，すべてがうまくゆくパルサー磁気圏モデルは，私の発案ですが，まだ定説には到っていません．いくつかのプロセスはまだ完全には証明されていない状態だからです．都合のよいものをつなぎ合わせて勝手なストーリーにするのは，巷の著作物に氾濫しています．アートの世界です．しかし，科学ではそういう文章を書くことは許されません．だから，学術論文でははっきりとは断定せず，「もし，かくかくということが真実であれば，ちかちかの全体構造が描ける」というのができる精一杯の記述です．です．しかし，一方で，全体像の見通しもなく研究を展開できるものではありません．多少大胆な仮説が入っても，美しいアートを仕上げてみて，それが本物か調べてみようと，意気込んで研究してみるのがよいです．個別の研究は理詰めで曖昧さを残さず確実にしないといけないことは最初に述べたイギリス流です．

17.6 死線の説明

宇宙の灯台はある年齢に達すると，電波パルスを出さなくなる，ということを第8章で紹介しました．これはどう説明されるのでしょう．

電波が出るためには，電子陽電子プラズマと磁力線に沿って加速された高エネルギー粒子が必要です．問題は電子陽電子プラズマが生成されるためにはある程度高い電圧による加速が必要なことです．加速された粒子から出るガンマ線のエネルギーが小さいとガンマ線は電子陽電子対に変換しません．この必要な電圧はおおよそ1兆ボルトです．しかし，パルサーの有効起電力自体がこの電圧より下がってしまうと，いくら磁力線に沿った加速があっても電子陽電子

17.7 ガンマ線パルスの明るさの説明

対は形成されることはなく，結果的に電波は出ません．

このようにしてスピンダウンすると起電圧が下がり電波放射が止まります．これが電波パルサーの「死」と考えられます．電子陽電子対のできなくなる条件をピーピードット（$P-\dot{P}$）図に重ねるとおおよそ観測される「死線」を再現することができます（図17・4）．

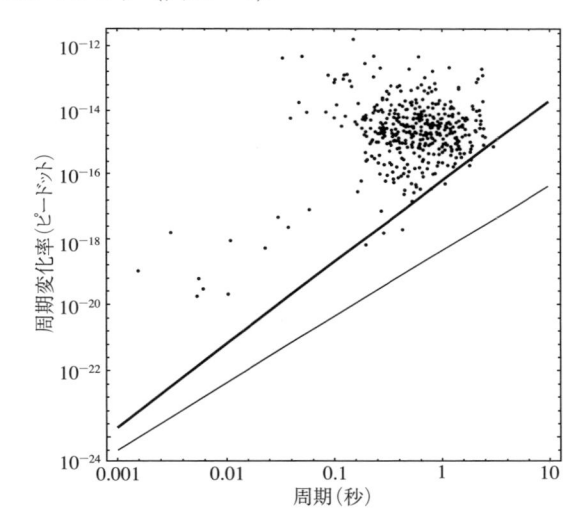

図17・4 観測された周期と周期変化率のグラフ（$P-\dot{P}$）に，電子陽電子対を作るために必要な電圧の条件式を重ねて書いたもの．(Mestel, L., Shibata, S., 1994 より)．

17.7 ガンマ線パルスの明るさの説明

磁力線に沿った電場によって粒子が加速され，その結果としてガンマ線がビーム状に放射されます．ガンマ線として出てくる総エネルギーを観測データから調べてみるとおもしろいことがわかります．EGRET によって観測されたガンマ線パルス光度は，図17・5に示されているように，自転エネルギーのパワーの平方根に比例しています．この傾向は次のように理解するとよいでしょう．偶然にも，ポーラーキャップモデルでもアウターギャップモデルでも加速電圧は $V_\| = 10^{12}-10^{13}$ ボルトです．これは電子陽電子対生成による電圧制限があるためです．磁力線に沿った加速電圧と流れている電流の積が，加速領域から出る

パワー,つまりはガンマ線光度になります(ガンマ線から電子-陽電子に変換するパワーはごくわずかです).そこで,磁気圏を流れる電流の推定値($\mu\Omega^2/c$)と一定の加速電圧$V_\parallel$の積を考えると,まさに,パルサーの自転パワー($\mu\Omega^4/c^3$)の平方根に比例しています.以上の計算は大まかです.実際,この平方根の法則は遅いパルサーではずれてきます.たぶん,電流の流れる割合や電圧に微妙な変化があるのでしょう.しかし,それらはモデルの詳細によりますから,気にしないことにしましょう.

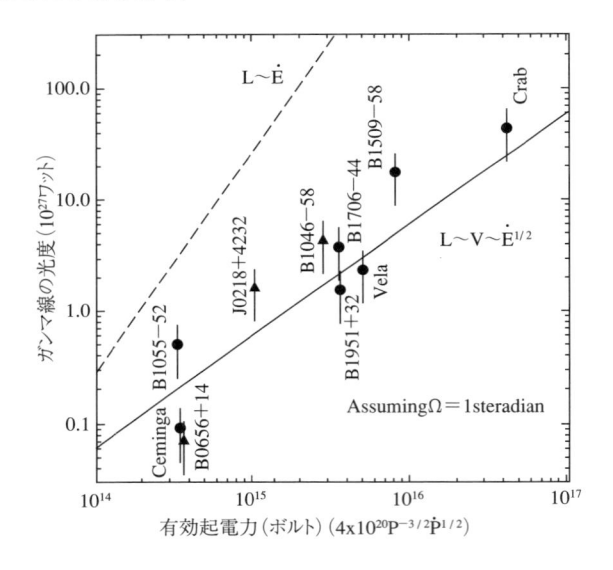

図17・5 ガンマ線パルスの光度が回転パワーとともにどう変化するかを示した図.横軸の回転パワーが左にいくほど自転が遅くなる.ガンマ線光度はパワーの平方根に比例しているように見える.(Thompson, D.J., 2001 より).

17.8 残された問題

うまくいきそうなことばかり書きましたが,確実に詰めていかなければならないことがたくさんあります.電流が磁場に沿って流れるときに電場が発生して,粒子が加速されると書きましたが,この機構は完全にはわかっていません.特に,電子-陽電子対が形成されたとき,電子-陽電子が電場を壊すことが予想さ

17.8 残された問題

れます．電子陽電子が存在する中で，どのようにして電場を維持することが可能なのかわかっていません．

アウターギャップについては，もし，電場がうまく維持できたならばガンマ線のパルス波形やスペクトルがうまく説明できることがわかっています．スタンフォード大学のロマーニたちが計算したガンマ線のパルスの形を以前に図13・6に示しました．この計算では理由はともあれアウターギャップに加速があると仮定しています．大変成功しているように見えますね．でも，これでは電流が流れているところに電場が形成されるのはなぜか？どのような機構で電場ができるのか？といった疑問には答えられていません．

この問題に答えるべく，私たちの研究グループでは，現在ドイツのマックスプランク研究所にいる広谷や，現在山形大学で大学院にいる高田，と協同して研究を進めています．実際は3次元的な構造なのですが，現在までに2次元構造まで含めて電子陽電子対と電場の共存するモデルができることを示しています．このときの磁力線に沿った電位の変化や，ガンマ線のスペクトルの例を図17・6に示しておこうと思います．しかし，いくつかのパルサーでは光度がたりなくて困っています．電流を強く流せないのです．

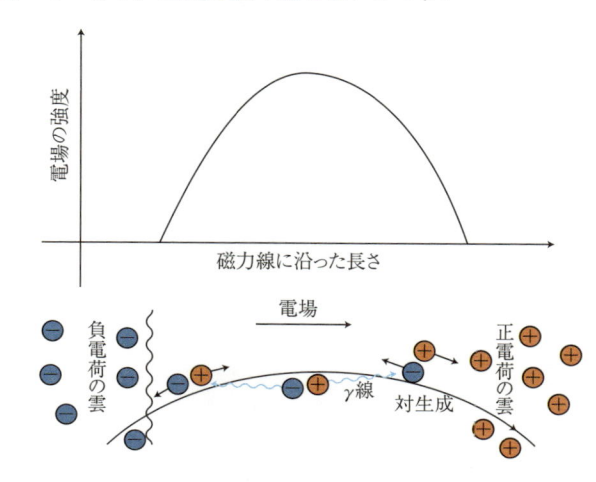

図17・6 電場の発生，電子陽電子対の生成，γ線の放射をきちっと解いたモデルもある．そして，観測されるスペクトルを再現して見せることもできた．広谷は，電子陽電子対の形成や，ガンマ線のでき方が少しずつことなっている色々のパルサーについて精力的に研究している．

もうすぐグラスト（GLAST）と呼ばれる高性能のガンマ線望遠鏡が打ち上げられる予定です．これが打ち上げられると理論モデルとの照合がたいへん精密に行えるので，かなり詳しい電場発生の場所や構造がわかってくると思われます．これからが楽しみです．

CHAPTER 18
パルサー星雲

18.1　パルサー星雲

　現在，我々が持っているどんなに大きな望遠鏡を使ってもパルサー本体の中性子星は点にしか見えません．パルサー磁気圏の大きさは中性子星半径の数倍から大きいときは数万倍の大きさをもちますが，これもやはり点にしか見えません．しかし，パルサーを望遠鏡で見ると，ボ～ッと広がった雲をパルサーがまとっているように見えることがあります．これをパルサー星雲と呼びます．おうし座にある「カニ星雲」はその代表格です．パルサーのまわりにできるこの発光する雲の正体はなんでしょう．この問題を詳しく調べてみましょう．

18.2　衝撃波

　日常の生活や地球上の気象現象で「衝撃波」という現象に出会うことはたいへん稀です．しかし，一歩宇宙空間に足を踏み込むと，いたるところで衝撃波が見られます．太陽から吹いてきたプラズマの風（太陽風）が地球にぶつかるところで衝撃波ができます．超新星爆発も衝撃波を作ります．そして，パルサー風も衝撃波を作ります．衝撃波が発生したところでは，高エネルギー粒子が発生します．

　そこで，この衝撃波についてすこし述べておこうと思います．

　パルサー風のように速い気体の流れが，大きな質量をもった壁のようなものにぶつかったとしましょう．図18・1を見てください．高速の流れが左からやってきて壁にぶつかったとします．このとき，流れを構成する気体の粒子はどう運動するでしょう．直進はできませんから，逆戻りするか横にそれるか，ということになります．次から次へと粒子は左から入ってきて，壁にぶつかり「右往左往」することになります．粒子が右往左往してたまっている部分は

CHAPTER 18　パルサー星雲

徐々に膨らんできます（図18・1のような状態）．一方的に左から入ってきた気体の粒子は前後・左右・上下に運動する自由度が与えられたので，図からわかるように，その部分の密度が上昇しています．密度は，数倍高くなっていますね．左から入ってくる高速の粒子と密度が高くなっている部分の境界線があるのですが，これは時間とともに左に移動していきます．この境界線の移動速度は，左から入ってくる高速粒子の速度の数分の1の遅い速度です．

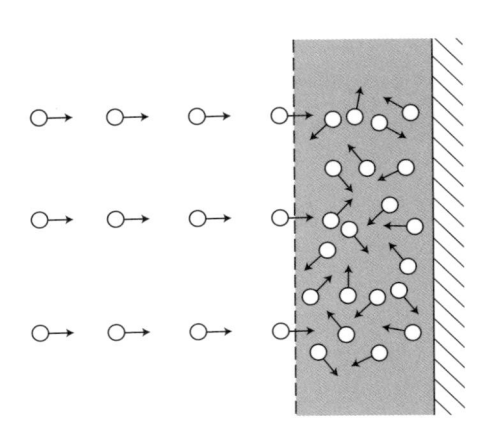

図18・1　左から高速の流れが壁に向かって入ってくる．流体粒子は壁にぶつかって右往左往することになる．するとそこでは密度の高い，高圧の気体が作られる．高圧部分はゆっくりと左に広がっていく．

　初め粒子はみな左向きのそろった運動をしていますが，壁にぶつかった後は運動の方向がランダムになります．これをエネルギーの観点で見ると，初めは流れが全体として運動エネルギーをもっていますが，壁にぶつかった後は，粒子ひとつひとつがバラバラな運動をしているので，これは気体が熱エネルギーとしてエネルギーをもっていると見えます．粒子が運動しているという意味では同じ運動エネルギーなのですが，一方では，粒子の運動方向が同じで，いわば，寒風吹きすさぶことによる風の運動エネルギーがあり，他方では，粒子の運動方向がでたらめで，いわば，風はなく高温の空気としての熱エネルギーがある，という違いがあるのです．以上まとめると，左から入った気体は壁のところで高温高密度そして高圧の気体を作ることになります．

　ところで，池に石を投げ入れたときに生じる水面の波を想像してみてください．波がないときの水面に比べて水面に盛り上がりがあると，元の水面の高さに戻ろうとして，その結果，波が発生します．水面の盛り上がりが波紋として四方に広がると，盛り上がりが分散され，盛り上がりの高さがどんどん低くなって，波が無限に広がったとき水面は元の高さを回復します．同様に，気体の

18.2 衝撃波

　一部に圧力の高いところができるともとの圧力に戻ろうとして，圧力の波，つまり，音波を作ります．したがって，先ほどの例で，壁にぶつかった高圧の気体は，広がるとすればそれは音波として広がろうとします．この広がる速さが音速です．そうすると，もう気がついたと思いますが，左から入ってくる流れが音速よりも速いか，それとも遅いか，で壁のところで起こる現象が様変わりします．

　もし，流れが音速より速いとき（超音速と言います），高圧部分が広がるまでもなく，次々に左から気体粒子が押し寄せてきて高温高圧部分を作ります．流れが超音速で突っ込んでくるので，「壁があるよ」（圧力が高いよ）という情報が上流にさかのぼって伝わることができないのです．これはこれまで図18・1で考えた状況です．このとき，超音速の流れと高圧部分の境界は鋭く，圧力・密度・流体の速度などが不連続にジャンプします（図18・2 (a)）．この構造を衝撃波と言います．

　しかし，もし左からの流れが音速より遅い場合（亜音速と言います），壁のところで高圧部分ができても，さらなる高圧を作らないように，圧力が音波として上流に向かって伝わっていきます．その結果，壁よりもずっと手前で流れは圧力を感じ，減速したり曲がったりできます．図18・2 (b) のようです．通常，私たちが見る気象現象はこの場合です．風が建物にぶつかっても，それは実際にぶつかるずっと手前で進路を変えたり，渦を作ったりします．我々が日常体験する風は亜音速ですから，こうなります．しかし，地上とは

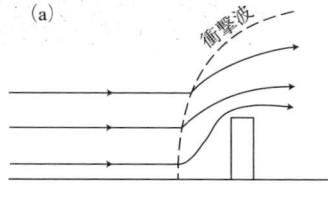

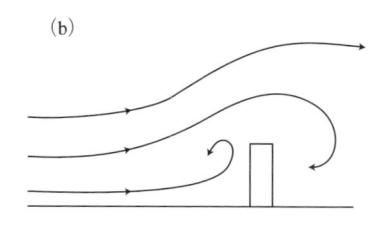

図18・2　流れが超音速のとき，壁によってできた高圧部分の圧力は流れに逆らって上流に登ることができない．流れと高圧部分の境界は不連続になる．これを衝撃波という．一方，亜音速の流れが壁にぶつかると，圧力は上流に伝播し，流れは壁のずっと手前で進路を変える．

違って，宇宙では超音速の流れが一杯あります．そのため，いろんなところで衝撃波ができます．太陽風は超音速ですから，壁の役割をする地球のまわりには衝撃波ができます．図18・3のように衝撃波と地球の間が高圧（高温・高密度）の部分になります．

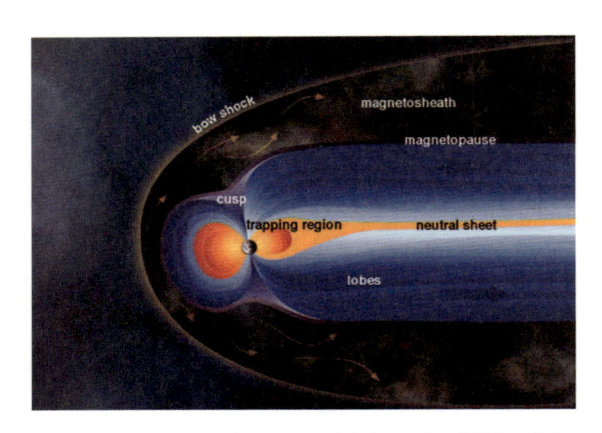

図18・3　太陽風が地球にぶつかったときにできる衝撃波の様子．

　衝撃波では，超音速の流れがもっていた運動エネルギーがランダムな方向を向いた熱運動のエネルギーに変換されますが，おもしろいことに，衝撃波では熱運動からは予想できないほどの高エネルギーの粒子が同時に作られることが知られています．非熱的粒子が作られるというのです．地球にできる衝撃波でも非常に高いエネルギーの粒子が生産されていることが人工衛星による観測で明らかになっています

　図18・2において見る目を変えて，左側の気体が静止していて，壁が超音速で右に動いてくるように見ても，同じ現象が起こることが気づきます．図18・4のような場合です．超新星爆発によって星の破片（星の外層部分）が星間空間に広がっていく速さは超音速ですから，星の破片が動く壁の役割をして，星間ガスは強く圧縮され高温高密度になります．こうして超新星爆発では球殻状の高温高密度のバブルが星間空間に作られることになります．これはX線でよく観測されます（図18・5）．この衝撃波でも，単に星間ガスが高温になるだけでなく，非熱的な高エネルギー粒子が生産されることが知られています．

18.2 衝撃波

活動銀河核（中心にブラックホールがある）からジェットが出ていますが，これも衝撃波を作ります．そして，これからお話する，パルサー風もまわりの気体とぶつかって衝撃波を作ります．宇宙にはこのようにいたるところに衝撃波が存在します．これらの衝撃波では高温高圧気体ができます．しかし，同時に，その熱エネルギーから予想されるよりも遙かに高いエネルギーの粒子もできます．この不思議な現象の解明は最新の研究課題です．なぜ，予想以上の高いエネルギーの粒子が作られるのでしょう？また，衝撃波をよく観察するとその原因となった超音速の流れの性質を調べることができます．超新星爆発の爆風のエネルギーはどれくらいか，活動銀河核から出ているジェットの速さはいくらか，パルサー風のエネルギーはどれくらいか，などがわかるのです．こんなわけで，衝撃波はとてもおもしろい研究対象なのです．

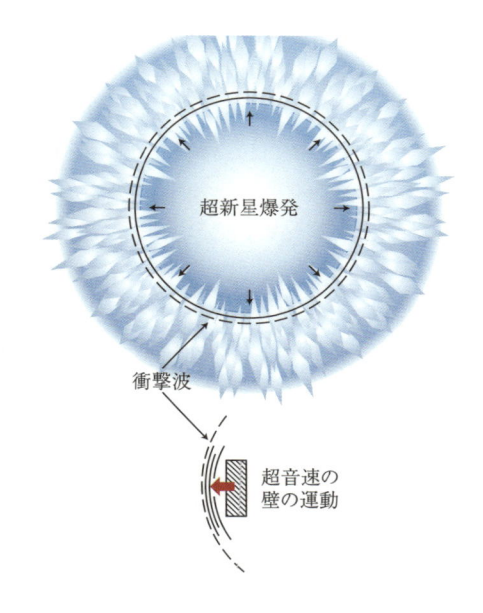

図18・4　壁が超音速動くときも同じことが起こる．

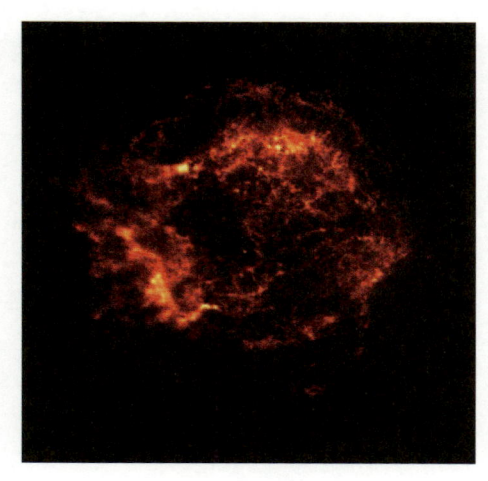

図18・5　超新星残骸．超新星爆発によって星の破片（外層）が超音速で広がり，衝撃波を形成する．

18.3 パルサー星雲：だいたいの様子

　ではいよいよ，パルサーのまわりに怪しく光るパルサー星雲の正体を明らかにしましょう．パルサーは超巨星の爆発とともに誕生しますから，できたてのパルサーのまわりには，爆発した星の外層部が爆風となって膨張しています．この状況は爆風が広がって雲消霧散するまで，およそ数万年間続くと思われています（超新星残骸）．この超新星残骸はパルサー星雲ではありません．文字どおり星が爆発したなごりです．超新星爆発の結果できたパルサーはパルサー風を吹き出します．パルサー風はほとんど光速に近い速さで吹き出しますから，のろのろ膨張している星の外層部（超新星残骸物質）にすぐ追いつき，ぶつかります．

　衝突の様子は図18・6を御覧ください．中央からパルサー風が吹き出しています．外側にはのろのろ膨張する星の破片（かつての星の外層部分）があります．「のろのろ」といっても秒速数千kmで膨張運動しています．パルサー風はほぼ光速（秒速30万km）で突っ込んできますから，それに比べて，ここでは「のろのろ」と表現することにしました．膨張する星の破片は岩石ではなく，かつて星の外層であった気体です．水素やヘリウムをはじめ炭素，硅素，ネオン，アルゴンなど，星で合成された様々な元素からなるプラズマです．どの元素が多く含まれているかはその星の質量や爆発までの星の進化によって異なります．

　図18・6では，パルサー風の粒子は放射状一直線に運動してきましたが，ここにきてのろのろ動く気体にぶつかって，右往左往します．前節で考察した衝撃波ができることに納得していただけますね．パルサー風を構成する粒子の運動は，直線運動から衝撃波を越えたところでランダムな熱運動に変化します．このようにして，パルサー風はこの衝突で熱い気体になります．そのかわり，熱い気体の膨張速度は光速の1/3程度になります．

　一方，のろのろ膨張している外層気体はパルサー風からグイッと押されて，圧縮・加熱され，膨張速度が早くなります．ここにはピストンで押されたタイプの衝撃波が形成されます．

　のろのろと膨張していた星の外層気体の圧縮が始まるところを前方衝撃波（forward shock），また，パルサー風の圧縮がはじまるところを後方衝撃波

18.3　パルサー星雲：だいたいの様子

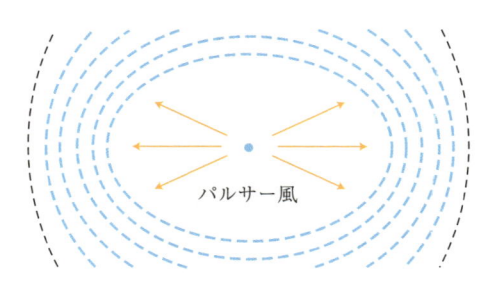

パルサー風

パルサー星雲

流れ落ちる水と類似

図18・6　パルサー星雲の形成．パルサー風が広がっていくと，あるところで衝撃波を形成し，流れは急に減速・圧縮する．水道の蛇口から落ちた水が，流し台で広がっていくときとよく似ている．

(reverse shock）と呼んでいます．2つの衝撃波で挟まれた部分が高温・高圧になっています．かなり複雑な構造ですが，ここで，パルサー星雲はどこにできたのでしょうか．複雑な構造のことは忘れて，パルサー風が衝撃波を経て熱くなったところに注目ください．この圧縮されて熱くなったパルサー風が可視光線やX線で光って見えるものがパルサー星雲なのです．パルサー風は電荷をもった粒子の流れですが，同時に磁化していて磁場ももっています．電荷をもった粒子が運動していて，電流が流れていて，磁場があるということです．磁場があると，右往左往している粒子は磁場のまわりをらせん運動し，シンクロトロン放射を出して光ります．可視光線やX線で光っているパルサー星雲の光りはこのシンクロトロン放射によるものです．その証拠に，パルサー星雲から

の光はよく偏光していて，これはシンクロトロン放射に独特のものです．パルサー風が吹いているところ，つまり衝撃波の内側は光らないので暗い空洞に見えます．

18.4 カニ星雲のエネルギー収支

　パルサー星雲の大雑把な構造がわかったところで，カニ星雲について物質やエネルギーの出入りがどうなっているか調べておきましょう．

　パルサー風として吹いてきた物質は，電子・陽電子・陽子などの粒子です．数としては電子と陽電子が圧倒的多数と思われます（陽子はあったとしても電子1万個に対して1個くらいでしょう）．電子陽電子はある確率で衝突して，対消滅しガンマ線になりますが，電子陽電子ガスは希薄なため衝突確率はきわめて低く，現実的には対消滅はほとんど起こりません．カニパルサーが生まれて以来，約1000年間，パルサーから出てきた粒子がカニ星雲の中に閉じ込められ，たまっていることになります．

　パルサー風がエネルギーを運んできますが，これは星雲にたまりません．まず，エネルギーは可視光やX線として放射されてしまいます．シンクロトロン放射で星雲から放射されているエネルギーは10^{30}ワット程度です．図18・6の2つの衝撃波で挟まれた高圧部分は徐々に膨張していますから，この膨張にエネルギーをとられます．カニ星雲のサイズは半径2～3分角くらいです．カニ星雲までの距離を7000光年とすると，4～6光年に相当します．この大きさの風船のようなものが毎秒2000 kmで膨張しているのですから，このときの仕事はたいへん大きなものです．内圧の推定値3×10^{-10}パスカルを用いると10^{31}ワットという値を得ます．回転エネルギーの減少から推定されるパルサーのパワーは10^{31}ワットくらいですから，回転パワーのほとんどは結局，パルサー星雲の膨張に使われていることになります．全体の1割くらいが可視光・X線の放射として出ていっていることがわかります．

　パルサー風は磁場を運び込みます．磁力線の束を運び込んでいて，磁力線が星雲内にたまっていきます．磁力線が消えて熱化することがあるのですが，実際にどれくらい熱化しているか，逆に言うと，どれくらい磁束が星雲にたまっているのかはよくわかっていません．

18.5 カニ星雲を観測装置とみなして利用する

　X線やガンマ線や電子線といった放射線の検出装置（測定器）というのはどういった仕組みなのか素人にはなかなか理解しにくいものですが，とにかく，放射線がその装置の中に入ってくると，光が出たり，電気が流れたり，温度が上がったりする仕組みになっていて，その光や電流や温度を測ると，宇宙線がどれくらい入ってきたか？どれくらいのエネルギーか？などがわかるようになっています．その検出器をカニ星雲に向けてカニ星雲からのX線やガンマ線を我々は測定しています．ここでちょっと発想を変えて，カニ星雲を一種の検出器と見なしてみましょう．パルサー風が，検出器であるカニ星雲に入ってきて，熱を出したり発光したりするのです．すると，パルサー風の粒子の量とかエネルギーが測定できるのでないか？ということに気がつきます．つまり，パルサー風を測定するための天然の測定器がパルサー星雲であるということです！このアイデアがうまくいきそうか，まずは，簡単な計算をしてみましょう．例によって，カニ星雲で試してみます．

　パルサー風として吹き込んでくる粒子のエネルギーを測定したいのですね．可視光線やX線を出しているのは星雲の中にある電子と陽電子です．まず，その電子・陽電子のエネルギーE_eを星雲を使って測定できるか考えてみましょう．パルサー星雲が発する光のエネルギーがどれくらいなのか，つまり，パルサー星雲が主に光っているのは，赤外線なのか，可視光線なのか，X線なのかといったとは，電子・陽電子のエネルギーE_eによります．また，星雲内の磁場の強さBにもよります．カニ星雲は観測すると主に可視光線（2～3電子ボルト）で光っていることがわかっています．電子・陽電子からのシンクロトロン放射のエネルギーが可視光線である，ということを式で表したものを興味のある方のために書いておきます．

$$\frac{3}{2}\omega_B \hbar \gamma^2 \sim 2\sim 3\ 電子ボルト \qquad (18.1)$$

ここで，$\omega_B = eB/m_e c$は磁場の中での旋回運動の角振動数，eは電子の電荷の大きさです．$\hbar$は，プランク定数で1.1×10^{-27}エルグ・秒です．$\gamma = E_e/m_e c^2$はローレンツ因子です．とにかくここまでで，可視光線で光っていることから，電子・陽電子のエネルギーと星雲内の磁場の関係がつきました．しかし，

これではまだ，電子・陽電子のエネルギーはわかりません．他の条件が必要です．さらに，電子・陽電子1つが出すシンクロトロン放射の毎秒のエネルギー放射量も，電子・陽電子のエネルギー E_e 磁場の強さ B によって決まります．この量に電子・陽電子の総数をかければ星雲全体の光度（毎秒の放射量）になります．星雲の光度は 10^{30} ワットと測定されています．電子・陽電子の総数は，星雲の体積 V と電子・陽電子の密度 n の積です．もう，わかりましたね，これで測定量を用いて新しい条件式ができました．再び，興味のある人のために式を書いておきます．

$$V n \cdot \frac{4}{3} \sigma_t c \gamma^2 \frac{B^2}{8\pi} \sim 10^{37} \text{エルグ／秒} = 10^{30} \text{ワット} \quad (18.2)$$

です．ここで，σ_t はトムソンの衝突断面積で定数です．V は観測される星雲の体積を代入できます．新しい条件式の未知数は，電子・陽電子のエネルギー E_e と磁場強度 B と電子・陽電子の密度 n です．あれっ？式は2本になりましたが，未知数 n が増えて3つになってしまい，また解けなくなってしまいました．もう1つ式を追加しないといけません．ここで，エネルギー当分配，つまり，熱い電子陽電子のエネルギー密度と磁場のエネルギー密度が等しいことを仮定しましょう．式で書くと，

$$\gamma m_e c^2 n \approx \frac{B^2}{8\pi} \quad (18.3)$$

です．仮定とはいうものの，磁場が小さいとプラズマが磁場を圧縮して磁場を強める性質があるので，このエネルギー当分配はそれほど悪い仮定ではありません．以上，3つの関係式から3つの未知量が求められます．星雲のシンクロトロン放射のスペクトル，星雲の光度，星雲のサイズ，そして，信頼できる仮定を加えることによって，星雲の電子・陽電子のエネルギー，星雲の磁場，電子・陽電子の密度が求められるのです．ちょっと，素敵でしょ？しかし，それ以上に，結果は驚くべきものです．

1. 1つの電子あるいは陽電子のもつエネルギー（熱運動エネルギーとしてもっているもの）は $10^{12}-10^{13}$ 電子ボルトに達します．そのローレンツ因子は100万（10^6）です．

2. 星雲磁場の強度は約0.2ミリガウスです（最近になってシンクロトロン放射と同時にでている逆コンプトン効果による放射が観測されるようになりました．これは星雲からでている10^{12}電子ボルトの微弱なガンマ線です．この逆コンプトン放射とシンクロトロン放射の比は磁場の強度を与えるのですが，その結果は見事に私たちがここで行った計算が正しいことを証明してくれました）．

3. 密度は，$10^{-8}-10^{-9}$ですが，毎秒パルサー風で吹き込んでくる粒子数に直すと10^{38}個／秒という数が得られます．第15章で使った値がここで求められたのです．電子陽電子対生成が起こっているという状況証拠になります．

少し長い計算でしたが，パルサー星雲の観測から星雲の物理量がいかに導き出されるか，わかっていただけたと思います．さて，パルサー風として星雲に流れ込んできている粒子のエネルギーはわかるのでしょうか．パルサー風としてまっすぐに衝撃波に突っ込んできた粒子が「右往左往」熱運動しているのが星雲でした．星雲の電子・陽電子の熱運動のエネルギーが$10^{12}-10^{13}$電子ボルトですから，真っ直ぐ突っ込んでくるパルサー風の粒子のエネルギーも同じ$10^{12}-10^{13}$電子ボルトです．パルサー風の粒子の速度はほとんど光速だと書きましたが，粒子のローレンツ因子は100万（10^6）でしたから，粒子は光速の99.99…9％（9が12個ほど続いている）で，本当にほとんど光速だとわかります．パルサー星雲を検出器として使えることがはっきりしました．パルサー風の粒子のエネルギーや数が「測定」できたわけです．

18.6　パルサー雲検出器の性能

　パルサー星雲が検出器の役割を果たして，パルサー風の物理量を測定できることがわかりました．たくさんのパルサー星雲を観測して色々なパルサーについてパルサー風の性質を調べたくなります．カニ星雲の詳しい観測でパルサー風をもっと詳しく調べることもできそうです．しかし，いつものことで，うまくいったかに見えたときは注意が必要です．だいたいはよいのですが，よく注

意して考えると，危なっかしいこともあります．あえて書くと，パルサー星雲という検出器は「ぼろぼろ」です．

　そう考えて警戒すべきです．カニ星雲の場合，パルサー風から供給されるエネルギーの高々10％くらいしか光になっていません．残りのエネルギーは星雲の膨張に使われています．つまり，光り方については星雲内部の気体の運動が強く影響します．この問題はカニ星雲以外の他のパルサーのパルサー星雲ではより深刻です．また，カニ星雲以外のパルサー星雲はかなり暗いので観測が難しく，現在の観測装置では誤差が大きかったり観測できなかったりすることがよくあります．この辺は実験室で人間が作る検出器と違うところです．検出器は思いどおりに設計でき，検出器は手元にあります．パルサー星雲は天然物なので自由になりませんし，手の届かない宇宙空間にあります．しかし，1990年代後半，私たちはパルサー星雲が「ぼろぼろ」の検出器であることを意に介さず，むしろ夢いっぱいで「パルサー星雲を用いたパルサー風の診断」というテーマを進めました．3つのプラス要因がありました．まず，X線望遠鏡を用いた高エネルギーでの観測が発展しカニ星雲だけでなくいくつかの若いパルサーのまわりにパルサー星雲らしきものが観測され始めました．また，カニ星雲についてはガンマ線に至るシンクロトロン放射のスペクトルの全貌が見えてきました．最後に，逆コンプトン放射という別の機構で出てくる微弱なガンマ線（約10^{12}電子ボルト）が観測されてきました．先にも書きましたが，逆コンプトン放射の観測とシンクロトロン放射の観測があると独立に星雲磁場が測定できます．このプロジェクトは，現在，行き詰まっています．スポーツでもよくあるでしょう．最初はぐっと力が伸びても，あるところでいくら練習しても伸びなくなる時期．そういう時期を経てまた成長が始まる．これは，パルサー星雲の検出器としての「ぼろぼろ」さ加減が思ったよりも深刻だということです．パルサー星雲をもっとよく理解しないと先に進めないのです．もう少し，具体的に言うと，パルサー星雲内の気体の運動が大事なのですが，それがよくわからなくなってしまった，ということです．衝撃波でできた高温・高圧の気体が膨張しているだけだと思っていたのですが，そんな単純ではなさそうだということが最近の観測でわかってきたのです．例えば，星雲の中で電磁場のエネルギーが熱エネルギーに変換するような現象が起こっていたら，パルサー風の粒

子のエネルギーの推定値はだいぶ変わったものになります．

もっと，もっと，パルサー星雲を理解しないと，パルサー風を診断できないのです．

18.7　カニ星雲からのX線の形は点から始まった

　X線で宇宙を見ることは1962年のロッシ（Rossi, B.）とジャコーニ（Giacconi, R.）のロケット実験に始まりますが，当初からカニ星雲がX線を出していることが知れ渡ります．パルサーの発見の前です．もしかしたら，このX線は超新星爆発のあとに残された中性子星でないか？と，当時考えられました．そこで，フリードマンは1964年にカニ星雲が月に隠される現象を利用してX線を出している部分が点かそれとも広がっているかを調べました．その結果，カニ星雲からのX線は2分角程度にボーーッと広がっていることを発見します．つまり，カニ星雲の方向からくるX線は中性子星からのものでなく，星雲そのものがX線を出していることがわかりました．超新星残骸であるカニ星雲の中心に「これぞ中性子星」というものを期待していた人はがっかりしたに違いありません．本書の2章で述べたようにその後，電波パルサーが発見され，さらにカニ星雲の中心にもパルサーが確認され，それが中性子星であることがわかりました．

18.8　カニ星雲のX線で見たときの本当の形

　カニ星雲がX線では広がった放射であることがわかったのですが，どんな「形」で広がっているのでしょう．「形」はパルサー風の仕組みを理解するために重要と考えられます．カニ星雲が月に隠される現象は何回となく観測され，そのたびに月の軌道が異なるので，おぼろげながらX線で見た星雲の「形」をあぶり出していきました．このような地道な観測と可視光線の像を参考にして，1975年にアッシェンバッハ（Ashenbach, B.）とブリンクマン（Brinkmann, W.）は「リング」型を提唱しました．

　しかし，月ばかり待っているわけにはいきません．もっと積極的にX線で像を作り出す努力がなされます．日本とMITのグループはこれまで観測のなかったよりエネルギーの高いX線で，なおかつ，高い空間分解で，カニ星雲を観測

CHAPTER18　パルサー星雲

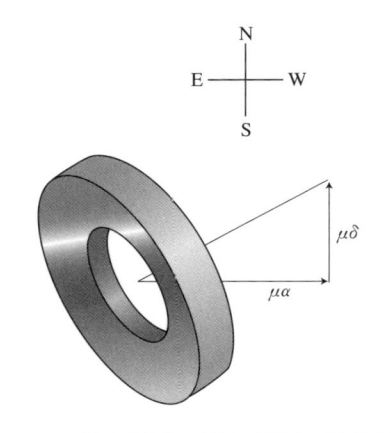

図18・7　X線で見たカニ星雲の形として提唱された「リング」型．(Aschenbach and Brinkmann, 1975 より)．

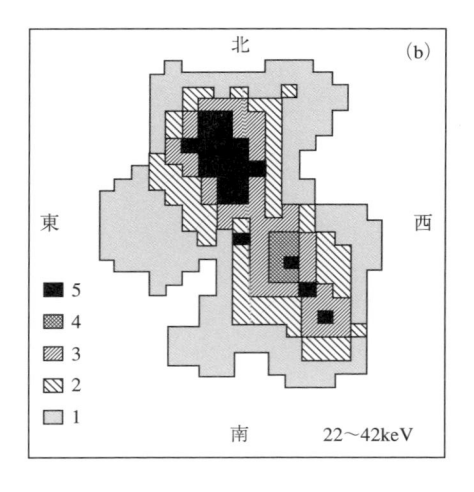

図18・8　エネルギーの高いX線で見たカニ星雲．(小河原嘉明・牧島一夫『自然』1981より)

し「リング」のすぐ内側が高いエネルギー粒子のたくさんある領域であることを見つけました．さらに内側はX線が出ない空洞になっています．パルサー風が衝撃波をそこで作っているというモデルにぴったりの観測事実ですね．この観測は気球を使って行われ，X線の像を作るために「すだれコリメータ」という仕組みが使われました（このようなX線観測で日本の活躍は目ざましいものがあります．その様子はたくさん本の形で出版されていますので，ぜひ参照下さい）．

さらに精密なX線写真は，アインシュタインの名を冠したX線観測衛星によってもたらされます．アインシュタイン衛星による画像は図18・9のようにベルのような形をしていますね．この不思議な形の正体は最近になってローサット（ROSAT）衛星，そしてチャンドラ（Chandra）衛星によって解明されました．

図18・10はチャンドラX線望遠鏡によってとらえられたカニ星雲の姿です．アインシュタインの頃と比べて観測技術の進歩は目を見張るものがありますね．

台風の雲の写真を連想させるかもしれませんが，渦というよりは，内側に小

18.8 カニ星雲のX線で見たときの本当の形

さなリング（輪）とその外に2番目の大きなリングが見えると思います．リングというよりドーナッツ型といった方がよいかもしれません．リングの中央にある光る点がパルサーです．露出オーバーでにじんでしまっているので「点」ではなく豆粒のように見えています．

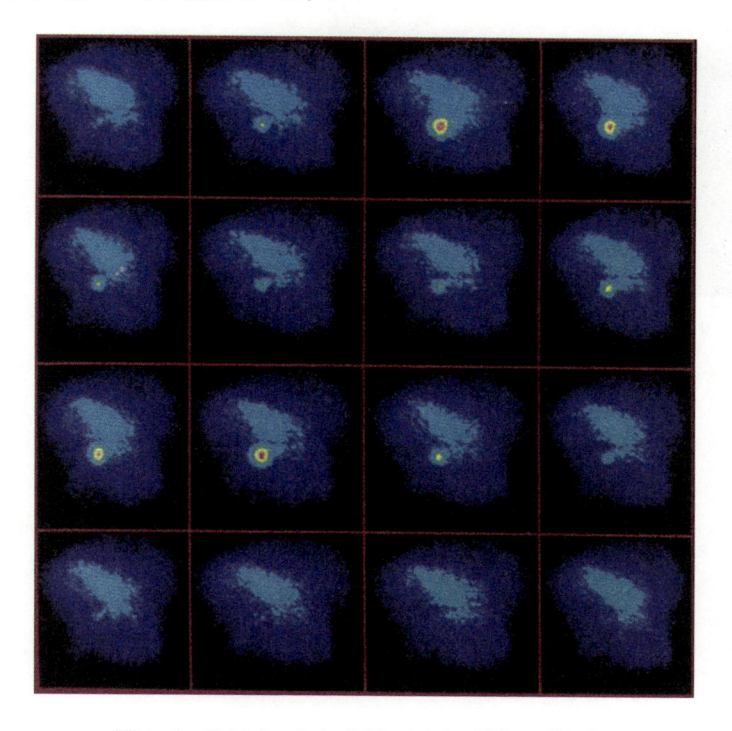

図18・9　アインシュタイン衛星によるカニ星雲のX線写真．

2つのリングに垂直に棒か「ひも」のような長く伸びた構造が見えます．この棒のようなものは下方向だけでなく，よく見ると，上にもあり，リングの回転軸を表すように，上下にリングを貫いています．この画像を立体的に考えるとどうなるかは想像するしかないのですが，普通は，厚紙を円盤に切り，中心にツマヨウジを刺して作ったコマのようなものを考えています．それを斜め下から覗いたと考えます．図18・11のようです．

円盤には2つのリングがあって，軸の部分は「ジェット」と呼んでいます．

CHAPTER18 パルサー星雲

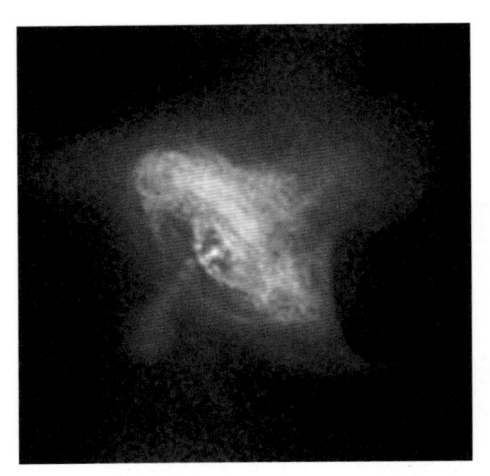

図18・10 チャンドラX線望遠鏡によるカニ星雲のX線写真.

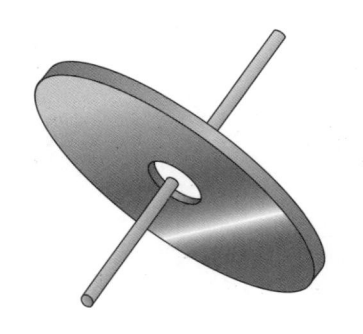

図18・11 円盤とその軸を下から覗いた図. カニ星雲の基本構造は円盤とジェットのようだ.

ジェットと呼ぶのは，パルサーから双方向に噴水の水が吹き出るように高速のガスの流れが吹き出していると想像しているからです．実際にガスの運動速度が測定できるわけでないので，本当に吹き出しているかどうかわかりませんが，たいていの天文学者はそう考えています．

　内側のリングと中央のパルサーの間はX線が出ていない空洞になっています．ここがパルサー風が流れている部分で，内側のリングのところで急激に減速され，熱いプラズマになり，X線で光ります．このリングの内側の直径は30秒角あります．カニ星雲までの距離は約7000光年ですから，内側のリングの直径（楕円状の暗い部分の直径）は約1光年になります．パルサーから出て約0.5光年進んだところでパルサー風は衝撃波を形成しているようです．

18.9　パルサー星雲はリングとジェット

　カニ星雲のX線像からはリングとジェットという構造があぶり出されてきました．さて，アインシュタイン衛星の頃から目をつけられたカニ星雲の仲間た

18.9 パルサー星雲はリングとジェット

ちがいます．超新星残骸で中心にX線源があるものです．それらの多くは，ベキ型スペクトルでボ〜ッと広がっている．つまり，パルサー星雲のように思われるものたちです．1983年にベッカー（R. H. Becker）が書いたまとめをひもといてみると，3C58，Vela-X，MSH15-52，G21.5-0.9，G74.9＋1.2 の名が挙げられています．この中でも最も明るい，MSH15-52をチャンドラX線望遠鏡でみた画像を図18・12に紹介します．またも，中心のパルサーのまわりにリングのようなものがあり（ち

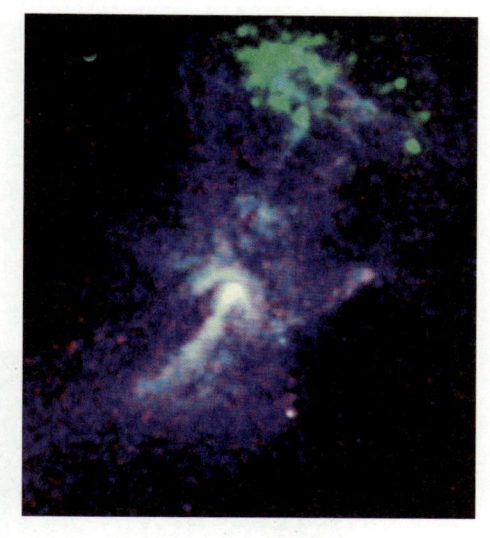

図18・12　MSH15-52と呼ばれる超新星残骸の中心にあるパルサー（PSR1509-58）のまわりにX線で見られた「パルサー星雲」．カニ星雲同様，シンクロトロン放射で輝いており，リングとジェットの構造が見える．

ょっと分厚い上唇？：ちょっと色っぽい比喩でした），下にやはり細長い「ジェット」が見えています．上の方にももう片方の「ジェット」見えますか？上の方のジェットの先には光っている部分があります．これはジェットが比較的濃いガスにぶつかって熱化している部分と思われます．

図18・12に紹介するのは，同じくベッカーのカタログにある3C58です．また，円盤とジェットが見えますね．パルサーのまわりにパルサー星雲があり，その形はリングとジェットであることはほぼ確かになりました．ジェットの方向はパルサーの回転軸に一致していると思われています．この構造はパルサー風のもつ構造とまわりの超新星残骸との相互作用で説明されるはずですが，一体どのようしてリングとジェットの構造が作られるのでしょう．この問題に関しては最近おもしろいコンピュタシミュレーションの結果が相次いで発表されました．コミサロフとリューバルスキー（Komissarov, S.S. and Lyubarski, Y.E. 2004）や，デル・ザンナら（Zanna, D. *et, al.*, 2004）によるものです．

この計算ではパルサー風のエネルギーは回転軸に垂直に，つまり，円盤状に出てきます．これまで考えたとおり，この流れは衝撃波を作り，圧縮加熱されリング状に光ります．この流れは同時にどんどんまわりの超新星残骸物質を押し広げます．回転軸方向には強いパルサー風はないので衝撃波は弱く，位置もだいぶパルサーに近いところです．そこで，超新星残骸物質を押し広げている円盤状の流れは一部押し戻されて，回転軸に向かって落ち込んで行きます．そこでは，回転軸のまわりにスプリング状の磁力線が作られて，その作用で細い回転軸に沿った流れが作られます．これが，ジェットとなります．

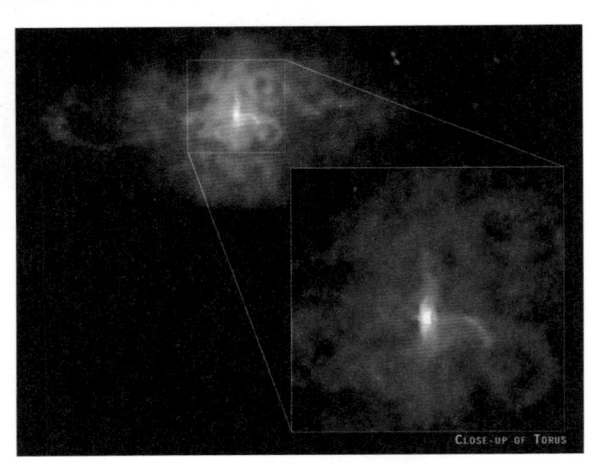

図18・13　3C58と呼ばれる超新星残骸の中心にあるパルサー星雲．中心には自転周期66ミリ秒のパルサーPSR J0205+6449がある．パルサーのまわりにはまたも円盤と円盤に垂直なジェットが見えているが，今度は円盤は一直線に近く，円盤に沿った方向から見ていることがわかる．円盤中央が暗いのでそこに衝撃波前のパルサー風があると考えられる．（NASA, Chandra ホームページ，http://chandra.harvard.edu/photo/2004/3c58/index.html より）．

18.10　解決を待つパルサー風とパルサー星雲の謎

現在，私たちの研究チームは，チャンドラX線衛星のカニ星雲の観測を取り仕切っている森浩二さん（宮崎大）や相対論的粒子加速の研究を推進している星野真弘さん（東京大）らと共同して，カニ星雲の観測結果を理論モデルを使って詳しく解析しています．その中で，カニ星雲の見方を改めるべき点がいく

18.10 解決を待つパルサー風とパルサー星雲の謎

つか出てきました．まず最初の点は，カニ星雲の中にある磁力線の様子です．パルサーの回転軸，つまり，星雲のジェットの方向の軸のまわりにくるくる巻きつくような磁力線があるとこれまでは考えられていました．星雲はリング状に光っていましたが，このリングの中をリングに沿って磁力線があると思っていたのです．そう思って理論的に星雲のイメージを合成してみると，なんと，合成されたイメージはリングでなくて唇型になってしまいました（図18・14）．リング型のイメージを作るためには磁力線がはげしく絡み合っていることが必要です．つまり，磁場はくるくる巻きついた単純な形状ではなく相当に乱流状態になっているようなのです．

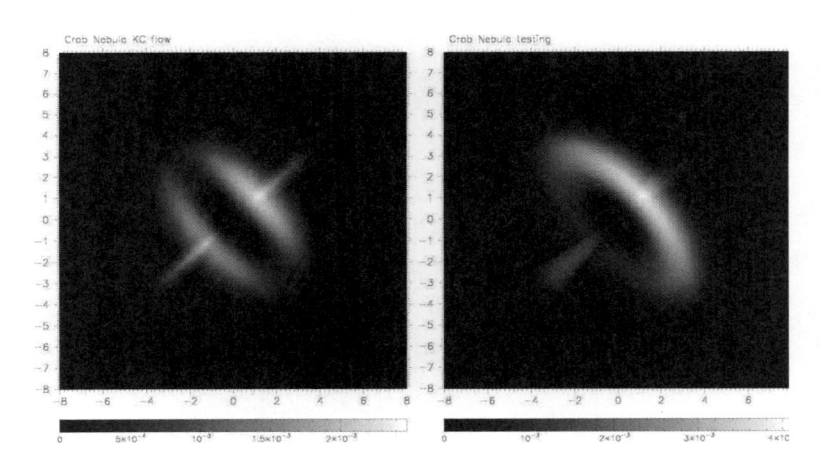

図18・14　理論的に合成された星雲のイメージ．もし，回転軸に巻きつくような磁場(トロイダル磁場と呼ぶ)が卓越していると，イメージは唇型になる．しかし，乱れた磁場があるとリング型になり，観測と一致する．
（Shibata S., H. Tomatsuri, M. Shimanuki, K. Saito, K. Mori, 2003, Mon. Not. R astr. Soc., 346, 841 より）．

磁場が乱流状態だとシンクロトロン放射からの偏光は弱くなってしまいます．本当に乱流状態なのか偏光度の面から検討する必要があります．早速，私たちのチームの大学院の中村雄史君（山形大学）に偏光の計算をしてもらったところ，可視光線やX線で測定された星雲全体の偏光度20％を再現するには約70％程度の乱流が必要なことがわかりました．このときリングのあたりの

局所的な偏光度は40％程度あって，これも観測と一致します．また，70％の乱流であれば，X線イメージも唇型でなくうまくリング型になります．衝撃波を形成したあと乱流磁場が作られるのです．次に，星雲内の流れです．カニ星雲のX線イメージをよく見ると，リング状に光った部分の右上（北西側）が明るく，左下（南東側）が暗いことに気がつくと思います．この違いは，北西側の流れは私たちに向かってくる方向に流れており，南東側の流れは私たちから遠ざかるように流れているためと考えられます．ドップラーブーストと呼ばれる次のような効果があるからです．つまり，近づく流れからの光はこの効果のため明るく見え，また，遠ざかる流れからの光は，その逆に，暗く見えるのです．そこで，軸対称を仮定して，明るさの違いから流れの速さを逆算してみました．すると，驚いたことに，衝撃波を通過後，流れはきわめて遅く，外側のリングに向かって徐々に流れは加速され，最後に，光速の約1/3に達していました．これも従来の見方と違います．従来は流れが徐々に減速しているというものでした．根本に横たわる問題として，内側のリングと外側のリングという2重構造がなぜできるか？ということがあります．しかも，内側のリングには北西側と南東側の明るさの違いが見えません．内側のリングはよく見ると，ちょうど数珠のようにつぶつぶの集まりです．これはどうしてこうなるのでしょう？パルサーの磁化軸は回転軸と斜めになっていますが，その斜めの度合いはパルサー星雲の形と関係しているのでしょうか？問題は尽きないのですが，これらは些細な問題だと思いますか．星雲の中で生じている細かな問題はどうでもいいではないか，と思いませんか．しかし，実際はそうではありません．以前，星雲の光りかたは星雲内の流れの様子に強く依存していると言いました．パルサー風の物理量を決定には，星雲内の流れの様子や磁場の様子が強く影響します．パルサーの回転エネルギーのほとんどはパルサー風によって運ばれています．そのパルサー風がどんなものなのか明らかにすることが「宇宙の灯台」パルサーの最大の問題なのですが，それに答えるためには，ぜひともパルサー星雲内のごちゃごちゃした現象を解明しないといけないのです．いまの努力が報われて，近い将来，パルサー星雲のごちゃごちゃを解き明かして，パルサー風の正体が姿を現すことを願って，「宇宙の灯台」の話も，いったん，さようなら．

☆著者紹介

柴田 晋平（しばた しんぺい）

1954年，兵庫県尼崎市に生まれる．1977年，東北大学理学部卒業，1983年，同大学大学院理学研究科天文学専攻を修了．現在，山形大学理学部物理学科教授．理学博士．専門は，高エネルギー天文学理論，特に，パルサーの磁気圏と粒子加速．趣味は，宇宙の楽しみ方をいろいろ創出すること．NPO法人小さな天文学者の会理事長を務めながら，やまがた天文台の運営など市民とともに「宇宙を，見て，感じて，楽しむ」社会環境構築に奔走中．特許，月と星の早見盤．2004年度NHK東北ふるさと賞受賞．訳書に，リチャード・ウォルフソン著，柴田晋平他訳『アインシュタインは朝飯前―タイムトラベル夢飛行』（愛智出版）．

版権所有
検印省略

EINSTEIN SERIES volume5
宇宙の灯台
パルサー

2006年4月10日　初版1刷発行

柴田晋平 著

発行者　片岡　一成
製本・印刷　株式会社 シナノ

発行所／株式会社 恒星社厚生閣
〒160-0008　東京都新宿区三栄町8
TEL：03(3359)7371／FAX：03(3359)7375
http://www.kouseisha.com/

（定価はカバーに表示）

ISBN4-7699-1031-2　C3044

続々刊行予定　EINSTEIN SERIES
A5判・各巻予価3,300円

vol.1	**星空の歩き方**	―今すぐできる天文入門	渡部義弥 著
vol.2	**太陽系を解読せよ**	―太陽系の物理科学	浜根寿彦 著
vol.3	**ミレニアムの太陽**	―新世紀の太陽像	川上新吾 著
vol.4	**星は散り際が美しい**	―恒星の進化とその終末	山岡 均 著
vol.5	**宇宙の灯台** パルサー 184頁・3,465円（税込）		柴田晋平 著
vol.6	**ブラックホールは怖くない？** ―ブラックホール天文学基礎編 192頁・3,465円（税込）		福江 純 著
vol.7	**ブラックホールを飼いならす！**	―ブラックホール天文学応用編	福江 純 著
vol.8	**星の揺りかご**	―星誕生の実況中継	油井由香利 著
vol.9	**活きている銀河たち**	―銀河の誕生と進化	富田晃彦 著
vol.10	**銀河モンスターの謎**	―最新活動銀河学	福江 純 著
vol.11	**宇宙の一生**	―最新宇宙像に迫る	釜谷秀幸 著
vol.12	**歴史を揺るがした星々**	―天文歴史の世界	作花一志・福江 純他 著
別 巻	**宇宙のすがた**	―観測天文学の初歩	富田晃彦 著

タイトル，価格には変更の可能性があります．